FASZINATION
BMW

Entwurf und Realisation: Stonecastle Graphics Ltd
Layout: Paul Turner und Sue Pressley
Redaktion: Philip de Ste. Croix

Parragon
Queen Street House
4 Queen Street
Bath BA1 1HE, UK

Projektmanagement: THEMA media GmbH, München
Fachübersetzung: Gina Beitscher
Redaktion: Daniel Hoch
Koordination: trans texas GmbH, Köln

Abbildungsnachweis:

Reinhard Lintelmann: Seiten 48, 49, 57 (u.), 62, 64 (u. r.), 68, 71.

Fotos © Neill Bruce's Automobile Photolibrary, Neill Bruce u. a.: Seiten 17 (o. r.), 17 (u. r.), 21 (u.), 24, 27 (u.), 28, 29, 30, 31, 32 (o.), 32 (u. l.), 33, 34 (u. r.), 36 (o. r.), 36 (M.), 43, 45, 52, 53, 57 (o.), 64 (u. l.), 65, 66 (o. l.), 73 (o. l.), 74 (l.), 75 (u. l.), 75 (u. r.), 86–87, 94–95, 106 (l.), 107, 109 (o. l.), 109 (u. l.), 117, 121 (o.), 123 (o. r.), 136, 139 (o. r.), 139 (M. r.), 141, 143 (o.), 144, 145 (u.), 146–147, 151, 156, 160, 161, 162.
Toni Bader: Seite 152.
Stefan Donat: Seite 131.
Geoffrey Goddard: Seiten 17 (o. l.), 20 (u. l.), 32 (u. r.), 34 (o. r.), 34 (u. r.), 35 (u.), 108,
Christof Gonzenbach: Seiten 37, 176, 177 (o.), 178 (u.).
David Hodges: Seite 134 (o. l.).
Stefan Lüscher: Seiten 164, 165 (u.), 170, 181.
Richard Meinert: Seite 169 (o.).
F. Naaf: Seite 159 (r.).
Jörg Petersen: Seite 179.

Die übrigen Fotos wurden freundlicherweise von dem BMW-Archiv zur Verfügung gestellt.

ISBN 1-40545-515-2
Printed in Indonesia

FASZINATION

BMW

Andrew Noakes

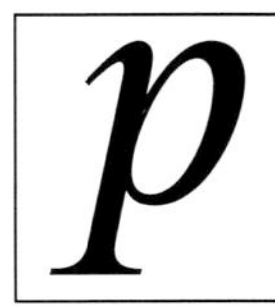

***Oben:** Der BMW Z4 Roadster ist eine einzigartige Verbindung von unverwechselbarem Design, Dynamik und Fahrspaß.*

INHALT

Oben: *Der wunderschöne BMW 328 war das einflussreichste BMW-Modell der Vorkriegszeit.*

EINLEITUNG

DIE HEUTE so hoch entwickelten BMW-Automobile lassen nicht im Geringsten erahnen, mit welchen Fahrzeugen das Unternehmen seine Produktion vor nunmehr beinahe 80 Jahren begann. Eigentlich waren die kleinen und bescheidenen Wagen nichts weiter als ein unter Lizenz gebauter britischer Austin Seven, deren Montage in Eisenach erfolgte. Aber schon bald verbesserte BMW das Lizenzmodell und ersetzte es durch ein Automobil eigener Konstruktion. Seither erntete jeder neue BMW für seine moderne Bauweise und seine fortschrittliche Technik Lob und Bewunderung.

Eine erste Blütezeit erlebte BMW in den 1930er-Jahren, als der innovative Sportwagen BMW 328 in ganz Europa großen Eindruck machte und noch lange nach dem Zweiten Weltkrieg das Automobildesign beeinflusste. Doch das Kriegsende hatte BMW arg zugesetzt. Das Automobilwerk in Eisenach war verloren, die Werksanlagen in München-Milbertshofen wurden demontiert, und die wenigen noch möglichen Aktivitäten waren durch die Nachkriegsvorschriften so stark eingeschränkt, dass nicht einmal große Motorräder, geschweige denn Automobile gebaut werden durften. Als die Automobilproduktion 1951 schließlich wieder aufgenommen wurde, verfolgte BMW eine unglückliche Modellpolitik und versuchte sein Glück mit teuren qualitativ hochwertigen Fahrzeugen, obwohl dieser Markt im Nachkriegsdeutschland winzig war und bereits von Mercedes-Benz beherrscht wurde. Von 1956 an baute BMW eine deutsche Version des italienischen Kleinstwagen Isetta. Doch als der Boom der Rollermobile vorbei war, stand BMW mit veralteten Produkten da. Ende der 1950er-Jahre befand sich BMW kurz vor der Übernahme durch den Rivalen Mercedes-Benz.

Das Schicksal des Unternehmens wendete sich in den 1960er-Jahren, als unter der Bezeichnung „Neue Klasse“ eine moderne Modellreihe auf den Markt gebracht wurde. Die neuen Automobile hatten kompakte Abmessungen, ein attraktives Styling und eine gute Fahrleistung. Sie wurden zum Verkaufsschlager und begründeten die Renaissance von BMW, die sich bis in die 1970er-Jahre mit einem gut strukturierten neuen Automobilangebot fortsetzte. Man startete 1972 mit den Automobilen der 5er-Reihe, die kleineren Modelle der 3er-Reihe und die imposanten großen Limousinen der 7er-Reihe erschienen später in den 1970er-Jahren ebenso wie die eleganten Coupés der 6er-Reihe. Ein Jahrzehnt später diversifizierte BMW, baute eine Reihe superschneller Wagen und konnte einen WM-Titel in der Formel 1 für sich verbuchen. Man erweiterte aber auch das Angebot der Straßenfahrzeuge um geräumige Kombis, Limousinen mit Allradantrieb und Modelle mit fortschrittlicher Dieseltechnik. BMW unterstrich sein technisches Können mit Siegen in Le Mans und einer Rückkehr zur Formel 1 mit den stärksten Motoren in diesem Sport.

Die Geschichte von BMW ist die einer unvergleichlichen Leistung beim Bau von Flugzeugmotoren, Motorrädern und insbesondere von Automobilen; eine Geschichte, die sich bisweilen gefährlich nahe am Rande der Katastrophe bewegte, aber heute von hohem Ansehen und großem Erfolg kündet – und die noch lange nicht zu Ende ist.

BMW
BM
BAYERISCHE MOTO
MÜNCHEN

DIE ANFÄNGE VON BMW
1916–1930

Oben: Das berühmte weiß-blaue Firmenlogo von BMW ist die stilisierte Version eines rotierenden Flugzeugpropellers.

Vorhergehende Seiten: Die neuen DA-2-Modelle sind 1929 der ganze Stolz des Berliner BMW-Ausstellungsraumes.

DAS WEISS-BLAUE Firmenlogo, das man heute als Markenzeichen von BMW-Automobilen und -Motorrädern auf der ganzen Welt kennt, erinnert an eine Zeit, in der BMW noch auf einem völlig anderen technischen Sektor tätig war. Es zeigt in stilisierter Ansicht einen rotierenden Flugzeugpropeller am blauen Himmel oder – je nachdem, welcher Geschichte man Glauben schenken will – in den Farben des Landes Bayern, in dem die Bayerischen Motoren Werke gegründet wurden. Die Farben mögen Zufall sein, aber die Form ist von grundlegender Bedeutung: Die Anfänge von BMW liegen nicht in der Herstellung von Automobilen oder Motorrädern, sondern in der zu Beginn des 20. Jahrhunderts rasch expandierenden Flugzeugindustrie.

Nikolaus Ottos Gasmotorenfabrik Deutz hatte unter der technischen Leitung von Gottlieb Daimler und Wilhelm Maybach in den 1870er-Jahren in Köln die ersten funktionstüchtigen Verbrennungsmotoren hergestellt. Um die Jahrhundertwende waren aus der Partnerschaft Daimler-Maybach einige noch nie da gewesene moderne Automobilkonstruktionen hervorgegangen, während der Verbrennungsmotor mit den Pionieren der Luftfahrt, den Brüdern Wright, auch den Himmel zu erobern begann. Wenige Jahre nach Orville Wrights erstem Motorflug von 1903 entstanden überall auf der Welt Flugzeugfabriken. Im März 1911 gründete auch Nikolaus Ottos Sohn Gustav eine Flugmaschinenfabrik am Rande des Flugplatzes Oberwiesenfeld bei München und baute dort kleine Flugzeuge, mit denen er recht erfolgreich war. Der Ausbruch des Ersten Weltkriegs 1914 und die dadurch steigende Flugzeugproduktion trug ebenfalls dazu bei, dass sich das Unternehmen zunehmend etablierte. 1916 wurde Ottos Firma in Bayerische Flugzeug Werke AG umbenannt und florierte weiterhin.

In den Werksanlagen der ebenfalls am Oberwiesenfeld gelegenen ehemaligen Flugzeugfabrik Flugwerke Deutschland hatte sich zu jener Zeit eine neue Flugmotorenfabrik niedergelassen. Der Flugzeugingenieur Karl Friedrich Rapp gründete die Rapp Motorenwerke AG, um leistungsstarke Schiffs- und Flugmotoren zu bauen, wobei er sich auf Hochleistungsmotoren für Rekordversuche konzentrierte. Als der Krieg ausbrach, verlegte sich die Rapp AG

Rechts: Die Fabrik in Eisenach, die BMW 1928 kaufte, begann ihre Automobilproduktion 1898 mit dem Bau von Motorwagen wie diesem Wartburg.

rasch auf den Bau von Motoren für die in Ottos Fabrik hergestellten Militärflugzeuge, und es gab ehrgeizige Expansionspläne. Man hatte sich jedoch zu viel vorgenommen. Als die Rapp-Motoren aufgrund von Vibrationen und ihrer Anfälligkeit in Verruf kamen, waren die Aussichten der Rapp Motorenwerke AG plötzlich recht düster.

Glücklicherweise fand sich ein Retter in der Person des Wiener Finanziers Camillo Castiglioni, der unter anderem bereits im Aufsichtsrat von Austro-Daimler saß. Die ehemalige Tochter der deutschen Daimler AG war seit 1906 eine separate Gesellschaft. Austro-Daimler hatte einen zuverlässigen, leistungsstarken V12-Flugmotor entwickelt, der jetzt in Kriegszeiten sehr gefragt war. Da die Produktionskapazität bei Austro-Daimler in Wien nicht ausreichte, vergab Castiglioni eine Lizenz über den Bau von mehr als 200 Austro-Daimler-350-PS-Motoren nach München. Dafür übernahm Castiglioni die Kontrolle über die Rapp AG, die im Juli 1917 in Bayerische Motoren Werke GmbH – BMW – umbenannt wurde.

Oben: Der Decauville von 1899 war ein fortschrittliches Automobil mit luftgekühltem Motor und unabhängiger Vorderradaufhängung. Er wurde in Eisenach in Lizenz gebaut.

Zu dieser Zeit war Rapp bereits ausgeschieden, und Geschäftsführung und technische Leitung der neuen Gesellschaft lagen in den Händen von Franz Josef Popp und Max Friz. Popp hatte im mährischen Brünn seine Ingenieurausbildung absolviert und wurde dann von der AEG-Union nach Deutschland geschickt, um den Flugmotorenbau zu studieren. Nachdem BMW den Auftrag zum Bau der Austro-Daimler-Flugmotoren erhalten hatte, sandte man Popp nach München, um die Produktion zu überwachen. Er wurde rasch Hauptgeschäftsführer und führte umfassende Veränderungen, wie etwa die Verstärkung des Ingenieurbereichs, durch. Er sorgte für die Anstellung des 33-jährigen Max Friz, der Daimler verließ, nachdem er an den Motoren der beim Großen Preis von Frankreich siegreichen Mercedes-Rennwagen (erster bis dritter Platz) und anderen Projekten mitgewirkt hatte. Und Friz hatte eine Vorliebe für Flugmotoren.

Im vollkommenen Gegensatz zu Rapps zweifelhaften frühen Bemühungen war der erste von Friz entwickelte BMW-Flugmotor außerordentlich erfolgreich. Nach einem Klassifizierungssystem der Reichsregierung für Flugmotoren wurde er als Typ IIIa bezeichnet, wobei es sich bei „III" um die Leistungsklasse handelte. Es war ein Sechszylinder-Reihenmotor – eine Anordnung, die BMW in Zukunft immer wieder aufgreifen sollte –, der aufgrund seiner her-

Oben: *Der S 12, das erste Dixi-Modell mit Vierzylindermotor, wurde 1904 vorgestellt und sorgte für steigende Verkaufszahlen.*

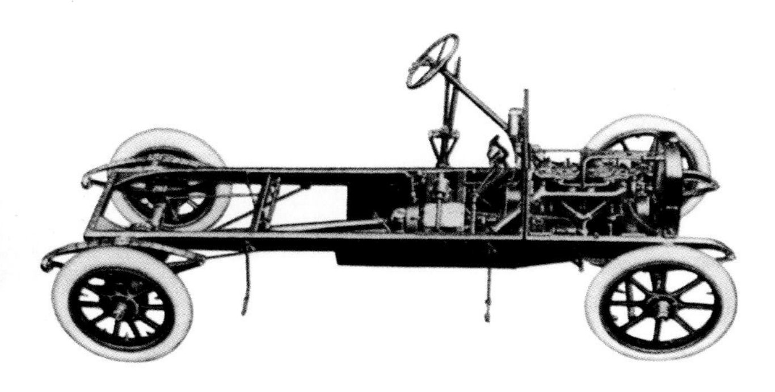

Oben: *Das Fahrgestell des Dixi S 12 zeigt den für die Zeit typischen Leiterrahmen mit Blattfedern.*

Gegenüber: *Die hohen Preise schadeten dem Verkauf von kleineren Fahrzeugen mehr als dem von größeren wie diesem S 16.*

vorragenden Leistung in großer Höhe viele Freunde gewann. Einige Motoren der Konkurrenz lösten das Problem einer unzureichenden Versorgung mit Luft in der dünnen Höhenatmosphäre mithilfe von Aufladeeinrichtungen; der BMW IIIa hatte stattdessen ein hohes Verdichtungsverhältnis, das einen hohen Feuerungswirkungsgrad gewährleistete und zusätzliche mechanische Verluste im Zusammenhang mit einer Aufladung vermied. Den Nachteil eines hohen Verdichtungsverhältnisses, die Gefahr von Maschinenschäden durch „Klingeln" oder Klopfen des Motors in der dichteren Luft in Bodennähe, umging man durch den Einbau eines Zweiphasendrosselsystems, das sicherstellte, dass die Drossel erst vollständig geöffnet war, wenn sich das Flugzeug in der Luft befand. Ein spezieller Höhenvergaser sorgte zusätzlich für eine Leistungsverstärkung in der Höhe und machte den IIIa zum idealen Motor für das gefürchtetste Kampfflugzeug des ersten Weltkriegs – die Fokker D.VIIF.

Verbot des Flugmotorenbaus

Das Kriegsende brachte die Ernüchterung für die deutsche Flugzeugindustrie. Der Versailler Vertrag sollte eine Wiederaufrüstung Deutschlands verhindern: Flugzeuge und Flugmotoren durften nicht mehr gebaut werden. Die Deutschen Flugzeugfabriken mussten nach Alternativen Ausschau halten. So half es BMW also auch nichts, dass Franz Zeno Diemer mit dem riesigen BMW-IV-Motor einen neuen Höhenweltrekord von 9760 m aufstellte – man musste sich nach anderen Einkommensquellen umsehen. Es gab sogar schon einen Versuch mit einem motorisierten Zweirad, das man mit einem 148-ccm-Zweitaktmotor ausrüstete und „Flink" nannte. Es war aber leider zu schwer, und die Herstellung wurde wieder eingestellt.

Um die Münchener Fabrik am Laufen zu halten, produzierte BMW landwirtschaftliches Gerät und Haushaltsartikel. Finanzielle Sicherheit verlieh der Firma dann ein Großauftrag zur Herstellung von 10000 Luftdruckbremsen für Eisenbahnwaggons für Georg Knorrs Berliner Knorr Bremsen AG. Hauptaktionär Castiglioni nahm die Gelegenheit wahr und verkaufte seine BMW-Anteile an die Knorr Bremsen AG. Doch schon bald darauf hatte er einen Plan, um das beträchtliche technische Potenzial von BMW für aufregendere Dinge als Eisenbahnbremsen zu nutzen. Er kaufte den Firmennamen „Bayerische Motoren Werke" von der Knorr AG zurück (die auch heute noch ein namhafter Hersteller von Bremssystemen ist) und etablierte sein Unternehmen in den so gut wie leer stehenden Anlagen der Bayerischen Flugzeug Werke AG. Zu diesem Zeitpunkt hatte BMW das berühmte Propeller-Markenzeichen übernommen, und das Unternehmen baute Motoren für Busse und Lastwagen sowie Stationärmotoren (zum Antrieb für Pumpen, Generatoren und landwirtschaftliche Geräte). Als Stationärmotor hatten Max Friz und Martin Stolle ursprünglich auch einen 500-ccm-Motor mit zwei horizontal gegenüberliegenden Zylindern konstruiert. Diese so genannte Boxer-Position bot ein perfektes Gleichgewicht und Vibrationsfreiheit ohne den Aufwand einer Mehrzylinderauslegung. Neben seinen stationären Einsatzmöglichkeiten wurde dieser „Bayern-Kleinmotor" in das in Nürnberg hergestellte Victoria-Motorrad eingebaut und sorgte auch für den Antrieb des Helios-Motorrads, das von den Resten der Bayerischen Flugzeug Werke AG gebaut wurde. 1923 wurde Friz dann mit der Konstruktion eines eigenen BMW-Motorrads beauftragt, und in weniger als fünf Wochen hatte er das erste Modell einer neuen, langen Produktionslinie entworfen: die R 32.

In der Zeit nach dem Ende des Ersten Weltkriegs experimentierten die BMW-Ingenieure nicht nur mit motorisierten Zweirädern, sondern auch mit vierrädrigen Fahrzeugen. Im

T 1242

Oben: Der BMW-Boxermotor wurde zum Antrieb von Pumpen und Generatoren eingesetzt, bevor er in den 1920er-Jahren in Motorrädern auftauchte.

Unten rechts: Die Victoria von 1921 gehörte zu den ersten von einem BMW-Motor angetriebenen Zweirädern.

Unten: Mit der R 32 schuf BMW 1923 das erste eigene Motorrad.

BMW-Archiv finden sich Unterlagen über den Prototyp eines vierrädrigen Fahrzeugs von 1918, über das allerdings nur wenig Details erhalten sind. Manche Quellen weisen auch auf eine Verbindung von BMW zu dem von Professor Wunibald Kamm entworfenen Prototypen mit Zweizylinder-Boxermotor hin. 1926 kam die Idee erneut auf, als Max Friz und Gotthilf Dürrwächter mit der Planung einer Reihe von BMW-Fahrzeugen mit Vier- und Achtzylindermotoren begannen. Diese Automobile gingen niemals in Serienproduktion, einige Prototypen wurden aber gebaut. Stattdessen suchte BMW den Weg ins Automobilgeschäft, indem man nach der Erhöhung des Aktienkapitals 1928 eine kleine Autofabrik in Eisenach kaufte.

Die frühen Automobile aus Eisenach

Die Fahrzeugfabrik Eisenach AG wurde 1896 von Heinrich Ehrhardt gegründet, um dort die verschiedensten Fahrzeuge zu bauen – vom Fahrrad bis zum Munitionswagen. Zwei Jahre später begann man in Eisenach mit dem Automobilbau und verkaufte leichte Motorwagen mit Elektro- und Benzinmotoren von Benz unter der Bezeichnung Eisenach und Wartburg. Ehrhardt unterzeichnete dann einen Lizenzvertrag mit dem französischen Lokomotivenhersteller Decauville, der sich auf den Bau von Motorwagen verlegt hatte, und produzierte die 3,5 PS starke Voiturelle in Eisenach. Die Voiturelle war ein fortschrittliches Fahrzeug mit einem luftgekühlten aufrecht stehenden Zweizylindermotor und einer unabhängigen Vorderradaufhängung mit Gleitstützen – eine Premiere für ein Fabrikfahrzeug. Das französische Automobil fiel dem Ingenieur Henry Royce auf, der 1903 ein Exemplar nach England verschiffen ließ, um es in seinem Werk in Manchester nachzubauen – als Basis für die Fahrzeuge, die er später mit C. S. Rolls unter dem Namen Rolls-Royce verkaufen sollte.

Ehrhardt trennte sich 1903 von der Eisenacher Firma, nahm seine Decauville-Lizenz mit und gründete eine neue Fabrik in Düsseldorf. In Eisenach stellte man daraufhin die Produktion auf Fahrzeuge nach eigener Konstruktion um, die unter dem Namen Dixi auf den Markt kamen. Die lateinische Bezeichnung für „ich habe gesprochen" sollte bedeuten, dass damit

Links: *Die frühen BMW-Motorräder waren bei vielen Rennen erfolgreich. BMW-Fahrer Ernst Henne gewann 1926 das Wildpark-Rennen in Karlsruhe auf einer R-47-Rennmaschine.*

„das letzte Wort" im Automobilbau gesprochen sei. So wurden die ersten Dixi-Modelle aus den besten Materialien tadellos gebaut, und ihr Preis war dementsprechend hoch. Als Folge der hohen Preise lief der Verkauf der originalen S-6-Modelle mit Zweizylindermotor und Kardanantrieb und der T-7-Einzylinder mit Kettenantrieb mäßig, auch wenn die S-10- und S-12-Vierzylindermodelle, die 1904 folgten, mehr Abnehmer fanden. Selbst größere Stückzahlen wurden verkauft, etwa vom mittleren R 8 mit 14 PS (erhältlich als viersitziger Tourer oder als zweisitziges Sportmodell) und vom großen S 16 mit 32 PS. Man stellte auch Adaptionen dieser Modelle her, die als Spezialfahrzeuge, z.B. als Ambulanzen, eingesetzt wurden.

Die Dixi-Werke waren gerade so richtig auf Touren gekommen, als 1914 der Krieg ausbrach und die Fabrik auf Rüstungsproduktion umstellen musste. Der Automobilbau lief erst 1919 wieder an, und es dauerte weitere zwei Jahre, bis neue Nachkriegs-Dixi-Modelle in Form des imposanten (und teuren) Vierzylinders G 1 vom Band rollten. Er war jedoch das falsche Auto für diese Zeiten: In der Depression der Nachkriegsjahre konnten sich nur wenige Deutsche ein neues Auto leisten, und diese wenigen interessierten sich mehr für importierte US-Fahrzeuge. Für deutsche Hersteller gab es nach dem verlorenen Krieg dagegen kaum Exportmöglichkeiten. Ein Schicksal, das sich für BMW in den Jahren nach dem Zweiten Weltkrieg wiederholen sollte, als das Unternehmen einem nicht aufnahmefähigen Markt die falschen Produkte offerierte.

Was man in Eisenach dringend benötigte, war ein kleines Auto zu einem vernünftigen Preis, das dem wirtschaftlich eingeschränkten Markt in der schweren Nachkriegszeit entsprach. Weil eine Neuentwicklung zeitaufwändig und teuer gewesen wäre, sah man sich im Ausland nach einem passenden Automobil für die Eisenacher Produktion um. Und mit dem britischen Austin Seven fand man genau das, was man sich vorgestellt hatte.

Dixi 3/15 PS Typ DA 1

Fertigung:	1927–1929
Motor:	4-Zylinder-Reihe, 8 seitlich stehende Ventile, Zylinderblock und -köpfe aus Gusseisen
Bohrung x Hub:	56 mm x 76 mm
Hubraum:	748,5 ccm
Leistung:	15 PS bei 3000 1/min
Drehmoment:	Keine Angaben
Vergaser:	Flachstromvergaser
Getriebe:	3-Gang, manuell, Einscheibentrockenkupplung
Chassis:	U-Profil-Pressstahlrahmen mit separater Stahlkarosserie
Aufhängung:	Vorn: starr mit 1 Querfeder; hinten: starr mit Ausleger-Viertelfedern
Bremsen:	Trommel
Fahrleistung:	max. ca. 75 km/h

Dixis Seven

Herbert Austin hatte den Seven mit der Hilfe eines jungen Zeichners selbst entworfen. Die leichte, kostengünstige Konstruktion basierte auf einem einfachen (wenn auch nicht unflexiblen) U-Profil-Fahrwerk, über dem eine Stoffkarosserie auf einem Holzrahmen saß. Die bescheidene Leistung stammte von einem Vierzylindermotor mit seitlich stehenden Ventilen, der nur 696 ccm besaß, als der Wagen im Herbst 1922 angekündigt wurde. Als der „Seven Horse“ („Sieben PS“) im folgenden Jahr in Serie ging, hatte man ihn mit einer vergrößerten 747-ccm-Maschine ausgerüstet, die immerhin 10,5 PS entwickelte. Der kleine Vierzylinder-Reihenmotor wurde so günstig wie möglich hergestellt, seine spindelartige Kurbelwelle rotierte in nur zwei Hauptlagern und wurde von einem rudimentären Ölsystem geschmiert, das dem Fahrer viel Gottvertrauen abverlangte. Trotz der simplen Auslegung von Fahrwerk und Motor war der Seven vorn mit Trommelbremsen ausgestattet – zu einer Zeit, als viele Hersteller sich mit der Montage von Hinterradbremsen begnügten. Selbst die großen Sportwagen von Bentley wurden erst ein Jahr später mit Bremsen an allen Rädern ausgerüstet.

Der Seven sorgte für das, was Austin gerne als „Motorisierung für Millionen“ bezeichnete. Er kostete kaum mehr als ein Motorrad mit Seitenwagen, bot aber einen weitaus besseren Wetterschutz, mehr Platz, mehr Komfort und Sicherheit. Vor allem aber gab er in einer Gesellschaft, die Motorwagen noch als Privileg der Reichen betrachtete, tausenden Angehörigen der Mittelklasse die Möglichkeit, ihr soziales Prestige zu erhöhen – ermöglichte also in Europa das, was Henry Fords T „Lizzy“ in den USA ein Jahrzehnt früher bewirkt hatte.

Zusätzlich zu den zahlreichen Fahrzeugen, die aus Austins großen Werken in Longbridge bei Birmingham rollten, wurde der Seven auch in Frankreich (als Rosengart), in Japan (als Datsun) und in den USA (von American Austin) gebaut. Und Ende 1927 sollte er auch in Eisenach als Dixi 3/15 PS Typ DA 1 in Produktion gehen. DA bedeutete Deutsche Ausführung, während die Bezeichnung 3/15 PS darauf hinwies, dass das Fahrzeug ein Dreiganggetriebe besaß und 15 Pferdestärken entwickelte. Mit einem Preis von nur 2750 Reichsmark

Rechts: Vor dem Erscheinen des Dixi 3/15 PS Typ DA 1 hatte man in Eisenach teuere Automobile von hoher Qualität gebaut. Dieser Dixi war jedoch ein Wagen für die breite Masse.

Links: Der französische Lizenznachbau des Austin Seven hieß Rosengart.

Oben: Der Dixi 3/15 war als geschlossene Limousine und offener Tourer gleichermaßen beliebt. Es gab sogar Kastenwagenversionen.

kostete das neue Modell nicht einmal halb so viel wie die größeren Dixi-Modelle von Mitte der 1920er-Jahre und nur wenig mehr als ein BMW-Motorrad (dessen Preis um 2200 Reichsmark betrug). In Großbritannien hatte der Austin Seven mit Spezialkarosserien, etwa von Swallow, Aufmerksamkeit erregt, und auch der Dixi konnte in Deutschland in Extraausführungen, etwa von Büschel, geordert werden. Viele Wagen hatten eine Zweifarbenlackierung, wobei Kotflügel und Trittbretter mit der restlichen Karosserie kontrastierten.

Ebenso wie die BMW-Motorräder, die bei Wettbewerben überaus erfolgreich waren, erbrachten auch die Dixi-Automobile bei Rennen, Bergfahrten und Zuverlässigkeitsprüfungen der Zeit gute Leistungen. Zunächst wurden Dixis ebenso wie die meisten anderen Marken in der Standardausführung eingesetzt, doch als die Rennaktivitäten nach Ende des Ersten Weltkriegs zunahmen, rüstete man die Fahrzeuge besser aus und versah sie mit speziellen Motoren und Rennkarosserien. Bei den Grunewald-Rennen 1921 in Berlin fuhren zwei Dixi 6/18 PS auf den ersten und zweiten Platz, während sie beim ersten Rennen auf der Avus im selben Jahr die Ränge zwei und drei in ihrer Klasse erzielen konnten. Sie wurden von den 6/24-PS-Modellen abgelöst, die ebenfalls mit einem Vierzylindermotor und sportlichen minimalistischen Karosserien in Stromlinienform ausgestattet waren. Diese Fahrzeuge gewannen den Mannschaftspreis bei der Reichsfahrt von 1924, und zwei 6/24er stellten einen inoffiziellen Weltrekord auf, als sie auf der Avus in 16 Tagen 20000 km zurücklegten.

Als die Verkaufszahlen Mitte der 1920er-Jahre zurückgingen, sah man den Dixi seltener auf der Rennstrecke. Mit dem kleinen 3/15 sollte die Firma aus Eisenach jedoch schon bald wieder zum Motorsport zurückkehren. Die deutsche Version des Austin Seven fühlte sich auf der Piste ebenso wohl, wie es der anpassungsfähige britische Seven getan hatte. So errang der Dixi 1928 sportliche Erfolge, als im Juni des Jahres das Dixi-Team bei der Alpenrundfahrt nach über 3000 km ohne einen Strafpunkt ins Ziel kam, was nur noch einer anderen Wettbewerbsmannschaft gelang. Im September 1928 fuhr ein Team aus vier Dixis DA 1 auf die ersten vier Plätze ihrer Klasse beim ADAC-Rennen auf der Avus und bewies die Schnelligkeit und Zuverlässigkeit des Dixi gegenüber anderen Kleinwagen der Zeit.

Oben: Der Austin Seven und sein Nachbau Dixi 3/15 wurden beide von diesem einfachen zweifach gelagerten Vierzylindermotor angetrieben.

Oben: *Produktion von BMW-DA-2-Modellen im Werk Berlin-Johannisthal, 1929. Die Ganzstahlkarosserien stellte Ambi-Budd her.*

Rechts: *Der erste DA 2 rollt 1929 aus der Fabrik. Dieses Fahrzeug sollte als Erstes das BMW-Markenzeichen tragen.*

BMW kauft Dixi

Bis 1928 hatten die Dixi-Werke (wie die Eisenacher Fabrik nun hieß) allen wirtschaftlichen Stürmen getrotzt und bauten beliebte und profitable Automobile, die sich auch bei Wettbewerben einen Namen gemacht hatten. Dennoch war die Lage nicht rosig: Trotz Rekordproduktionszahlen mit einer neuen Automobillinie versank das Unternehmen in den Schulden, die man gemacht hatte, bevor der 3/15 produziert wurde. Aufgrund des enormen Schuldenberges mag es sich der Aufsichtsrat von BMW vielleicht zweimal überlegt haben, bevor er sich entschloss, in die Dixi-Werke zu investieren. Die Tatsache, dass der Industrielle Jakob Schapiro in beiden Aufsichtsräten maßgeblichen Einfluss hatte (er war damals auch noch an anderen deutschen Automobilherstellern beteiligt), half jedoch am Ende dabei, das Geschäft erfolgreich zum Abschluss zu bringen. Ende 1928 waren die Dixi-Werke in Eisenach zu einer Zweigniederlassung der Bayerischen Motoren Werke AG, München, geworden, und im März 1929 erschien eine neue Version des Dixi 3/15 PS Typ DA 1 als BMW 3/15 PS Typ DA 2 und damit als erstes Automobil, auf dem das weiß-blaue Markenzeichen prangte.

Während der Typ DA 1 fast identisch mit dem Austin Seven war (die ersten Fahrzeuge, die man als Dixi verkaufte, waren noch Original-Seven aus England), wurde der Typ DA 2 mit einer ganzen Reihe von Verbesserungen versehen, auch wenn die Austin-Basis immer noch erkennbar war. Die wichtigste Veränderung bestand in einer neuen Ganzstahlkarosserie nach Vorbild des französischen Rosengart mit viel größeren Türen, die bis ganz hinunter zu den Trittbrettern und hinten über den Hinterradbogen reichten. Durch die dadurch stark vergrößerte Türöffnung war ein wesentlich bequemeres Ein- und Aussteigen möglich. Die Karosserie des DA 2 wurde in den Ambi-Budd-Werken des führenden US-Stahlkarosserieproduzenten Edward G. Budd in Berlin hergestellt. Um Transportkosten zu sparen, pachtete BMW von Ambi-Budd eine Fabrik am nahe gelegenen Flughafen Berlin-Johannisthal, wo die ersten Modelle vom Typ DA 2 am 29. März 1929 zusammengebaut wurden. Die offizielle Präsentation fand im Juli desselben Jahres im neuen BMW-Ausstellungsraum in Berlin statt.

Links: Der DA 2 basierte noch auf dem Austin Seven, aber man hatte zahlreiche Verbesserungen vorgenommen.

Oben: In den 1920er- und 1930er-Jahren nahmen Dixi an Rallyes und Wettfahrten teil.

Der neue BMW-Kleinwagen konnte seinen ersten Wettbewerbserfolg bei der Alpenrundfahrt 1929 verzeichnen, als drei modifizierte 3/15er mit einer Durchschnittsgeschwindigkeit von 42 km/h den Mannschaftssieg holten. Im Jahr darauf gewann ein 3/15er in seiner Klasse bei der schon damals berühmten Rallye Monte Carlo.

Nicht lange danach begann in Eisenach die Produktion einer offenen Sportversion vom Typ DA 2, bei dem man den alten Karosseriebaustil beibehielt und einen Holzrahmen mit imprägniertem Stoff verwendete. Dann erweiterte BMW die Serie um den DA-3-Sport-Zweisitzer Wartburg. Nach der berühmten Burg hatte die Eisenacher Fabrik bereits ihre frühen Motor-Wagen und Fahrräder benannt. Der Sport-Zweisitzer erreichte dank seines leistungsstarken 18-PS-Motors eine Höchstgeschwindigkeit von 85 bis 95 km/h – also erheblich mehr als die 75 km/h des Typs DA 1. Die hübsche Zweisitzer-Bootsheck-Karosserie mit umlegbarer Windschutzscheibe trug dazu bei, dass der kleine Sportwagen rund 400 Käufer fand.

Trotz guter Verkäufe kämpfte BMW aber immer noch mit den Schulden, die man mit den Dixi-Werken übernommen hatte, was in der Zeit der Depression von 1929 natürlich nicht besser wurde. Glücklicherweise verfügte das Unternehmen jetzt über ein zeitgemäßes Lieferprogramm. Die Nachfrage nach Motorrädern und Kleinwagen, wie sie von BMW gebaut wurden, litt weit weniger als der Markt für luxuriösere Fahrzeuge, wie sie Dixi einst produziert hatte. So kam BMW über die schwierigen Krisenjahre 1930 bis 1932 relativ gut hinweg.

Das letzte BMW-Modell, das auf dem Austin Seven basierte, war der Typ DA 4 von 1932, der noch weiter vom ursprünglichen Austin-Design abwich. Eine Schwingachse ersetzte die starre Vorderachse der früheren Modelle. Durch die Kreiselwirkung der rotierenden Räder war die Starrachse der Vibration der Vorderräder ausgesetzt, wenn sich die Achse über Unebenheiten der Straße auf und ab bewegte. Theoretisch hätte das unabhängige vordere Ende des DA 4 Verbesserungen der Fahreigenschaften bringen müssen. Praktisch verschlechterte die primitive Bauart der Vorderachse die Fahreigenschaften jedoch, anstatt sie zu verbessern, da keine Parallelführung der gelenkten Vorderräder gegeben war.

BMW Wartburg Typ DA 3

Fertigung:	1930–1931
Motor:	4-Zylinder-Reihe, 8 seitlich stehende Ventile, Zylinderblock und -köpfe aus Gusseisen
Bohrung x Hub:	56 mm x 76 mm
Hubraum:	748,5 ccm
Leistung:	18 PS bei 3500 1/min
Drehmoment:	Keine Angaben
Vergaser:	Flachstromvergaser
Getriebe:	3-Gang, manuell, Einscheibentrockenkupplung
Chassis:	U-Profilrahmen mit Zweisitzer-Bootsheck-Karosserie aus Leichtmetall
Aufhängung:	Vorn: starr mit 1 Querfeder (gekröpfte Vorderachse); hinten: starr mit Ausleger-Viertelfedern
Bremsen:	Trommel
Fahrleistung:	max. 85–95 km/h

***Oben:** Das BMW-3/15-Team nach der sehr erfolgreichen Teilnahme an der Alpenrundfahrt von 1929, bei der sich Kleinwagen auszeichneten.*

***Unten:** Als dieser Typ DA 3 1931 gebaut wurde, näherte sich die Herstellung dieses Modells bereits ihrem Ende.*

Dem DA 4 sollte aber ohnehin nur eine kurze Karriere als Bestseller von BMW beschieden sein. Das Münchener Unternehmen beendete seine Beziehungen zu den britischen Austin-Werken 1932 und stellte zugleich die Produktion der auf dem Austin Seven basierenden Fahrzeuge ein. Stolze 16000 Stück waren bis zu diesem Zeitpunkt von dieser Serie produziert worden.

Stattdessen wandte man die Aufmerksamkeit nun einem neuen Automobil zu, das fast vollständig im eigenen Haus entwickelt worden war – mit einem radikal neuen Fahrwerk, einer verfeinerten unabhängigen Aufhängung und einem neuen verbesserten und leistungsstärkeren Motor. Dieses Automobil kündigte eine neue Ära für das Unternehmen an, mit Modellen, die BMW noch erfolgreicher machen sollten.

***Rechts:** Der Motor des Wartburg-Sport-Zweisitzers hatte eine höhere Nennleistung und war erheblich schneller als die Limousine.*

Boxer-Freuden: Die ersten BMW-Motorräder

AUF DEM BERLINER Motorsalon 1923 kündigte die Firma BMW mit der R 32 ihr erstes „eigenes" Motorrad an. Bei den früheren Motorrädern, die mit einem BMW-Motor ausgestattet waren, hatte man den Boxermotor so eingebaut, dass die Kurbelwelle quer zum Rahmen verlief und ein Zylinder vorne und der andere hinten montiert war. Bei dem neuen Modell wurde der kurze, aber breite Zweizylindermotor quer in den Rahmen eingepasst, sodass die beiden Zylinder links und rechts herausragten. Dadurch konnten sie vom Fahrtwind gekühlt werden und hielten den Schwerpunkt der Maschine tief. Auch die Übertragung der BMW unterschied sich von der einer herkömmlichen Maschine wie der Victoria, da das Getriebe an der Rückseite des Motors montiert war und die Kraftübertragung über eine Kardanwelle auf das Hinterrad erfolgte und nicht wie bei der Victoria mit Kettenantrieb. Eine weitere Neuerung war der Einbau einer Vorderradfederung mit Viertelelliptik-Federn, die erste bei einem Motorrad dieser Art. Die Grundkonzeption der R 32 ist für die meisten BMW-Zweiräder bis heute richtungsweisend geblieben.

***Oben:** Ein schönes Exemplar der R 32, des ersten „echten" BMW-Motorrads.*

Ein Jahr später stellte BMW die R 37 vor, die mit einem leistungsstärkeren Motor mit hängenden Ventilen ausgestattet war. Die von Rudolf Schleicher, dem Leiter der Renn- und Versuchsabteilung, konzipierte Maschine gewann mit dem Fahrer Fritz Bieber 1924 die deutsche Straßenmeisterschaft. 1925 wurde die Einzylinder R 39 eingeführt, eine Sportmaschine, sowie die R 62 und 1927 die R 63.

Die R 32 und ihre Nachfolgerinnen erwiesen sich als ungeheuer erfolgreich. In den ersten fünf Produktionsjahren waren fast 28 000 BMW-Motorräder auf Deutschlands Straßen unterwegs. Und die BMW-Motorräder gewannen über 500 Rennen und Wettfahrten. Schleicher selbst errang eine Goldmedaille bei der Internationalen Moto-Cross-Sechstagefahrt in England 1926, die erste für eine deutsche Maschine und einen deutschen Fahrer, während Ernst Henne 1929 auf einer 750er-BMW mit 216 km/h einen neuen Geschwindigkeitsweltrekord für Motorräder auf der Ingolstädter Landstraße bei München aufstellte. Der Verkaufserfolg der Räder in Verbindung mit der großen Nachfrage nach BMW-Motoren verschaffte dem Unternehmen zum ersten Mal nach Kriegsende 1918 eine stabile finanzielle Basis.

***Oben:** Der R 32 folgte die R 37, die sich mit ihrem Motor mit hängenden Ventilen als hervorragende Rennmaschine erwies und 1924 die Deutsche Meisterschaft gewann.*

***Links:** American Austin war eine weitere Firma, die den Austin Seven in Lizenz baute.*

14

ERFOLG MIT SPORTWAGEN

1930–1945

BMW 303	
Fertigung:	1933–1934
Motor:	6-Zylinder-Reihe, 12 hängende Ventile, Zylinderköpfe aus Gusseisen
Bohrung x Hub:	56 mm x 80 mm
Hubraum:	1182 ccm
Leistung:	30 PS bei 4000 1/min
Drehmoment:	Keine Angaben
Vergaser:	2 Vertikalvergaser Solex
Getriebe:	4-Gang, manuell, Einscheibentrockenkupplung
Chassis:	Stahlrohrrahmen mit separater Stahlkarosserie
Aufhängung:	Vorn: Querlenker mit Querblattfeder; hinten: starr mit Halbfedern
Bremsen:	4 Trommelbremsen
Fahrleistung:	max. 90 km/h

***Oben:** Mit dem größeren BMW 3/20 PS (Typ AM-1) verabschiedete sich BMW vom Austin-Seven-Design.*

***Vorhergehende Seiten:** Ernst Henne gewann das Eifel-Rennen 1936 mit einem BMW 328, der hier sein Debüt gab.*

MIT EINFÜHRUNG der neuen Modelle, die komplett in München entwickelt wurden, hatten die BMW-Automobile ihre bescheidenen, auf dem Austin basierenden Anfänge endgültig hinter sich gelassen. Durch die neue Produktlinie setzte BMW den erfolgreichen Weg des Dixi fort und erweiterte das Sortiment von einem Basisfahrzeug (mit mehreren Karosserieformen) zu einer viel umfangreicheren Auswahl an Automobilen mit verschiedenen Motoren, Fahrgestellen und Größen. Die in den 1930er-Jahren in Eisenach gefertigten Fahrzeuge waren nicht nur Verkaufsschlager und Wettbewerbssieger, sondern beeinflussten auch den Automobilbau bis lange nach dem Zweiten Weltkrieg.

Der erste dieser neuen Generation von Fahrzeugen aus gänzlich deutscher Produktion war der BMW 3/20 PS Typ AM-1, wobei AM „Ausführung München 1" bedeutete. Anders als seine Vorgänger mit ihrem 747-ccm-Motor mit seitlich stehenden Ventilen hatte der AM-1 einen etwas größeren 785-ccm-Vierzylinder-Reihenmotor – der zwar noch mit der alten Austin-Seven-Bauweise verwandt war, aber über hängende Ventile im Zylinderkopf verfügte, die über Stößelstangen und Kipphebel betätigt wurden. Auch die Leistung war im Vergleich zum alten 3/15 etwas höher und ermöglichte eine Höchstgeschwindigkeit von 80 km/h.

Zuvor hatte BMW eine vom Austin Seven abgeleitete Fahrwerkskonstruktion verwendet, bei der zwei einfache U-Profil-Träger in A-Form angeordnet waren und sich die Spitze an der Front des Fahrzeugs befand. Für den AM-1 führte BMW nun einen völlig neuen Zentralkasten-Niederrahmen ein, der nichts mehr mit dem Austinfahrwerk zu tun hatte. Dabei wurde ein einziger Doppel-T-Träger eingesetzt, der gleich hinter dem Getriebekasten begann und bis zum Fahrzeugheck verlief, während er an der Front gegabelt war, um Motor und Getriebe aufzunehmen. Der hintere Teil des Trägers war geschwungen und verlief über die Hinterradaufhängung und hintere Antriebseinheit. Obwohl sich die „Schwingachse" des DA 4 als problematisch erwiesen hatte, wurde diese Technik bei dem neuen Fahrzeug vorn und hinten übernommen, wobei man allerdings Querblattfedern hinzugefügt hatte, um unerwünschte Nebenwirkungen dieser Konstruktion auszugleichen. Zusätzlich zu den technischen Verbesserungen bot der 3/20 größere (vom Werk Sindelfingen der Daimler-Benz AG gefertigte) Karosserien, die wesentlich geräumiger und komfortabler waren als die der Vorgängermodelle. Die Limousine präsentierte sich nun als echtes Familienauto.

Mit der größeren Auslegung des 3/20 hatte man sich am Markt orientiert, der inzwischen von kleinen und billigen Fahrzeugen abgekommen war. Während man den BMW 3/20 PS in verschiedenen verbesserten Versionen bis 1934 weiterproduzierte, zeigte sich immer deutlicher, dass die BMW-Kunden wohlhabender wurden und dass man für größere und schnellere künftige Modelle noch mehr Leistung benötigte. Um dies zu erreichen, schlug Max Friz den Bau eines vollkommen neuen Vierzylinder-Reihenmotors vor. Rudolf Schleicher, der 1927 von BMW zu Horch gewechselt und 1933 wieder zu BMW zurückgekehrt war, hatte stattdessen die Idee, zu den bereits vorhandenen vier Zylindern noch zwei hinzuzufügen und einen Sechszylinder-Reihenmotor zu bauen. Da dieser Motor mit dem bereits existierenden Vierzylindermotor vieles gemeinsam haben würde, hätte man dafür einige vorhandene Teile und Werkzeugbearbeitungen verwenden und so die Herstellungs- und Entwicklungskosten senken können. Von den beiden Vorschlägen erwies sich Schleichers Sechszylinder als sinnvoller. Friz war damit nicht einverstanden und verließ BMW bald darauf. Als der Sechszylinder 1934 das Licht der Welt erblickte, hatte man ihn mit zwei Steigstromvergasern ausgestattet, und er leistete 30 PS aus knapp 1,2 Liter Hubraum.

BMW baute den neuen Motor nicht etwa in eine Weiterentwicklung des existierenden 3/20 ein, sondern schuf mit dem BMW 303 ein eigenes Modell. Es basierte auf einem Rohrrahmen in A-Form mit einem Radstand von 2400 mm. Die Veränderung wurde durch eine neue Aufhängung erforderlich: Vorn saß die Blattfeder über einem Querlenkerpaar, was die Fahreigenschaften wesentlich verbesserte, während BMW hinten zu der erprobten (wenn auch eher primitiven) Starrachse mit Halbfedern anstelle der anfälligen „Schwingachsen" zurückkehrte. Darauf befand sich eine hübsche Karosserie mit geschwungenen Kotflügeln und einer langen Motorhaube, die dem 303 in manchen sportlicheren Ausführungen große Eleganz verlieh. Der 303 besaß vorn einen „Doppelnieren"-Kühlergrill – vertikale Ovale, die in einer Reihe von Varianten seither Teil des BMW-Stylings sind.

Ein Vierzylinder-Reihenmotor kann niemals vollkommen gleichmäßig laufen, da die Interaktion der hin- und hergehenden und rotierenden Massen Vibrationen erzeugen, die hart und unangenehm spürbar werden. Durch die Hinzufügung von zwei Zylindern kann man diese Vibration jedoch fast völlig vermeiden. So brachte der Sechszylindermotor dem

Unten: *Rudolf Schleicher hatte die Idee zum Sechszylindermotor des BMW 303 von 1933.*

BMW 315

Fertigung:	1934–1937
Motor:	6-Zylinder-Reihe, 12 hängende Ventile, Zylinderköpfe aus Gusseisen
Bohrung x Hub:	58 mm x 94 mm
Hubraum:	1490 ccm
Leistung:	34 PS bei 4000 1/min
Drehmoment:	Keine Angaben
Vergaser:	2 Vertikalvergaser Solex
Getriebe:	4-Gang, manuell, Einscheibentrockenkupplung
Chassis:	Stahlrohrrahmen mit separater Stahlkarosserie
Aufhängung:	Vorn: Querlenker mit Querfeder; hinten: starr mit Halbfedern
Bremsen:	4 Trommelbremsen
Fahrleistung:	max. 100 km/h

303 nicht nur mehr Leistung, sondern machte ihn auch zu einem kultivierteren Fahrzeug. Er war der ideale Reisewagen für Fahrten auf den neuen deutschen Autobahnen. Angesichts der sich verbessernden Wirtschaftslage, war der 303 genau das richtige Fahrzeug für die Mittelklasse. Und für BMW begann auch eine neue Ära im Motorsport, da man aus dem Sechszylinder mit einem entsprechenden Fahrwerk viel mehr Leistung herausholen konnte.

Erweiterung der Produktlinie

1934 erweiterte BMW die neue Baureihe zunächst mit dem Angebot einer preiswerteren Alternative zum 303. Fahrwerk und Karosserie blieben gleich, wurden aber mit einer 845-ccm-Version des alten 3/20-Vierzylindermotors ausgestattet. Das Ergebnis war der BMW 309, der zwar nicht dieselbe Leistung wie der 303-Sechszylinder hatte, aber ebenso komfortabel war wie jener und einen günstigeren Preis hatte: Der 309 war rund 400 Reichsmark günstiger als der Sechszylinder. Am anderen Ende der Skala führte BMW mit dem 315 und 319 zwei leistungsstarke Modelle für Kunden mit einer dickeren Brieftasche und dem Wunsch nach mehr Leistung ein. Dabei handelte es sich um die ersten BMW-Modelle, die unter dem Ingenieur Fritz Fiedler entstanden. Fiedler war von Horch in Zwickau zu BMW gekommen und hatte Rudolf Schleicher wieder in das Unternehmen zurückgebracht.
Der 315 war mit einer größeren 1490-ccm-Version des Sechszylindermotors ausgerüstet, und die 34 PS, die der neue Motor erzeugte, ermöglichten eine Höchstgeschwindigkeit von 100 km/h. Der 319 besaß einen 1,9-Liter-Sechszylindermotor, der es auf 34 PS und 115 km/h brachte. Eine Automobilzeitschrift verzeichnete für einen 315 mit drei Solex-Flachstromvergasern eine ähnliche Geschwindigkeit und bezeichnete den Flitzer als „Wolf im Schafspelz".

Wie gewöhnlich bot BMW verschiedene Karosserien an, von geschlossenen Limousinen über Cabrio-Limousinen bis hin zu offenen Tourern und Sport-Cabriolets. Finanzkräftige Kunden konnten auch nur ein „fahrbares" Chassis ordern – ein Fahrwerk mit Achsen, Aufhängung, Motor und Getriebe, aber ohne Karosserie – und sich darauf von einem Karosseriebauer eine Spezialkarosserie setzen lassen. Viele Automobilhersteller verfuhren auf diese Weise, und in Deutschland gab es eine ganze Reihe von Karosseriefirmen, um die Nachfrage nach Sonderanfertigungen, insbesondere Cabriolets oder Coupés, zu befriedigen. Dazu gehörten Heinrich Gläser in Dresden, Gustav Drauz in Heilbronn, Wendler in Reutlingen sowie Reutter und Baur, zwei Firmen, die ihren Sitz in Stuttgart hatten. Drauz-Karosserien waren sogar in den Verkaufsbroschüren von BMW aufgeführt, und etwas später arbeitete BMW mit einem anderen Karosseriebauer, nämlich Autenrieth in Darmstadt, zusammen, der für seine exklusiven und formschönen Cabriolet-Karosserien bekannt war.

Gegenüberliegende Seite: Der BMW 315/1 nahm 1934 an der 2000-km-Fahrt durch Deutschland teil.

Oben: Der stattliche BMW 319 besaß einen 1,9-Liter-Sechszylinder-Reihenmotor.

Für Kunden mit Vorliebe für sportliches Fahren und den entsprechenden finanziellen Möglichkeiten hatte BMW zwei auf dem 315 bzw. 319 basierende attraktive Roadster parat. Der 315/1 und 319/1 hatten getunte Motoren mit einem höheren Verdichtungsverhältnis und drei Vergasern, wodurch sie eine Leistung von 40 bzw. 55 PS entwickelten. Mit ihrer respektablen Leistung und der verbesserten Aufhängung waren diese beiden Roadster richtige kleine Sportwagen mit einer Spitzengeschwindigkeit von bis zu 130 km/h. Im Vergleich zu den Limousinen, auf denen sie basierten, war der Preis für die Roadster jedoch hoch – sodass sich die Nachfrage in Grenzen hielt und die Produktion auf einige 100 Exemplare beschränkt blieb. Dennoch wurden der 315/1 und 319/1 aufgrund ihrer sportlichen Erfolge

Links: Der BMW 315/1 Sport (hier ein Modell von 1936) wurde von einer Automobilzeitschrift als „Wolf im Schafspelz" bezeichnet.

Oben: Der im Februar 1936 vorgestellte BMW 326 war das bisher größte BMW-Modell. Bemerkenswert ist, dass die vorderen und rückwärtigen Türen an einer zentralen Strebe verankert sind.

und ihrer Seltenheit berühmt, was auch den Bekanntheitsgrad der anderen Fahrzeuge aus Eisenach förderte. Ein Fahrtest aus jener Zeit schwärmt von der „festen" Reifenhaftung, dem „hervorragenden" Komfort und der „außergewöhnlichen" Beschleunigung und kommt zu dem Schluss, dass dieser BMW ein „überaus beeindruckendes Fahrzeug" sei.

Die BMW-Limousinen waren seit den Tagen der ersten 3/15 DA 1 immer größer geworden, aber dennoch relativ kompakt geblieben und weiterhin mit nur zwei Türen ausgestattet – dies änderte sich jedoch mit der Einführung des neuen Modells BMW 326, das auf der Internationalen Automobilausstellung in Berlin im Februar 1936 vorgestellt wurde. Der BMW 326 war größer als alles, was BMW bisher gebaut hatte, und basierte auf einem völlig neuen Fahrwerk, das länger und stärker war als je zuvor. Ein Tiefbett-Kastenrahmen gewährleistete eine adäquate Stabilität, obwohl der Radstand 2870 mm betrug, also 470 mm länger war als der seines Vorgängers. Der längere Radstand bedeutete mehr Platz für die Insassen, und sowohl die viertürige Ganzstahlkarosserie von Ambi-Budd als auch die zweitürige Cabriovariante von Autenrieth boten fünf Personen großzügig Platz. Der Motor war eine verbesserte Version des Reihensechszylinders des 319, der hier auf 1971 ccm aufgebohrt worden war und 50 PS leistete. Auch Fahrverhalten und Handling wurden dank einer überarbeiteten Version des Querlenkers mit Querfeder bei der Vorderradaufhängung und eines neuen Drehstabfedersystems für die Hinterachse verbessert. Trotz der viel größeren Karosserie und des dadurch unvermeidlichen höheren Gewichts sorgte der stärkere Motor für eine angemessene Geschwindigkeit. Da der 326 zudem ein sehr kultiviertes Fahrzeug war, verfügte BMW erstmals über ein Automobil, das sich mit einem Mercedes-Benz messen konnte. BMWs erster Ausflug auf den Markt der großen Luxuswagen erwies sich als erfolgreich – bis zur Einstellung seiner Produktion 1941 wurden vom BMW 326 über 15 000 Stück gebaut.

BMW 326

Fertigung:	1936–1941
Motor:	Sechszylinder-Reihe, 12 hängende Ventile, Zylinderköpfe aus Gusseisen
Bohrung x Hub:	66 mm x 96 mm
Hubraum:	1971 ccm
Leistung:	50 PS bei 3750 1/min
Drehmoment:	Keine Angaben
Vergaser:	2 Vertikalvergaser Solex
Getriebe:	4-Gang, manuell, Einscheibentrockenkupplung
Chassis:	Tiefbett-Kastenrahmen mit separater Stahlkarosserie
Aufhängung:	Vorn: Querlenker mit Querfeder; hinten: starr, 2 Längsfederstäbe
Bremsen:	4 Trommelbremsen
Fahrleistung:	max. 115 km/h

Ein Meisterstück – der legendäre BMW 328

Im Gegensatz dazu wurde der BMW 328 ab 1936 in viel geringeren Stückzahlen gebaut, bis 1939 waren es 426 Wagen. Dennoch wurde der BMW 328 zum bekanntesten und renommiertesten BMW-Modell vor dem Zweiten Weltkrieg und zu einem der besten Sportwagen in den Zwischenkriegsjahren. Ein Grund dafür war nicht zuletzt das Styling: Die fließenden Linien und das Fehlen jeglichen Zierrats bedeuteten eine klare Weiterentwicklung gegenüber den vorausgehenden BMW-Sportwagen. Der BMW 328 kombinierte elegante Proportionen und Zweckmäßigkeit. Der Grund für diese Form waren eher aerodynamische und nicht so sehr ästhetische Erwägungen: Die geschwungene Linie und der Verzicht auf Dekor erhöhten die Windschnittigkeit des Fahrzeugs, wodurch man auch bei hoher Geschwindigkeit die benötigte Leistung möglichst gering halten konnte. Durch Abdeckung des Hinterrads wurde der Luftwiderstand noch weiter reduziert. Aerodynamische Erwägungen waren auch der Grund dafür, dass man die Scheinwerfer erstmals in die Karosserie integrierte, was dem BMW 328 nicht nur ein sehr modernes Aussehen verlieh, sondern ihn zudem noch stromlinienförmiger machte. Hinter dem nun schon vertrauten Doppelnieren-Kühlergrill – der in diesem Fall oben leicht nach hinten gewölbt war – hielten zwei Lederriemen eine lange, mit Kühlerjalousie versehene Motorhaube, unter der eine Neuentwicklung des Sechszylindermotors saß. Entwicklungsingenieur Rudolf Schleicher wollte die Leistung des Sechszylinders verbessern, ohne auf die komplizierte und teuere DOHC-Technik zurückzugreifen, die bei Rennmotoren mehr und mehr in Mode kam.

DOHC-Motoren entwickeln allgemein mehr Leistung als äquivalente OHV-Motoren, da diese Technik eine Reihe von Vorteilen bietet. Klassische DOHC-Motoren haben einen halbkugelförmigen (da er oft auch etwas weniger als halbkugelförmig ist, wäre die Bezeichnung „teilkugelförmig" eigentlich korrekter) Verbrennungsraum mit zwei (oder mehr) gegenüberliegenden Ventilen. Eine der beiden Nockenwellen steuert die Einlassventilreihe auf der Motorseite, die andere Nockenwelle die Auslassventilreihe auf der anderen Seite. Eine zentral angeordnete Zündkerze reicht aus, damit der halbkugelförmige Verbrennungs-

Unten: Die Spezialkarosserie von Beutler lässt diesen BMW 328 moderner aussehen, als er ist – er wurde 1937 gebaut.

Rechts: Spezielle Stromlinienmodelle des BMW 328 wurden für verschiedene Rennen wie die Mille Miglia gebaut.

BMW 328

Fertigung:	1936–1940
Motor:	6-Zylinder-Reihe, 12 hängende Ventile, Zylinderköpfe aus Leichtmetall mit gegenüberliegenden, durch Stoßstangen gesteuerten Ventilen
Bohrung x Hub:	66 mm x 96 mm
Hubraum:	1971 ccm
Leistung:	80 PS bei 5000 1/min
Drehmoment:	Keine Angaben
Vergaser:	3 Fallstromvergaser Solex
Getriebe:	4-Gang, manuell, Einscheibentrockenkupplung
Chassis:	Rohrrahmen, Kastenquerträger
Aufhängung:	Vorn: Querlenker mit Querfeder; hinten: starr, Halbfedern
Bremsen:	4 Trommelbremsen
Fahrleistung:	max. über 150 km/h; von 0 auf 100 km/h: ca. 10,5 Sekunden

raum dem Motor einen guten Wärmewirkungsgrad verleiht, weil seine Form die gründlichere Verbrennung des Luft-Brennstoff-Gemisches fördert. In Verbindung mit entsprechend gut geformten Ansaug- und Auslasskanälen erlaubt es die gegenüberliegende Anordnung der Ventile dem Motor, frei zu „atmen“, und verbessert seine, wie es die Motorenkonstrukteure ausdrücken, „volumetrische“ Leistung. Infolge der geringen Trägheit seiner Ventilsteuerung ermöglicht der DOHC-Motor außerdem höhere Drehzahlen.

Schleicher baute in den vorhandenen BMW-Sechszylinder-Reihenmotor einen neuen Zylinderkopf aus Leichtmetall ein, mit effizienten „teilsphärischen“ Verbrennungsräumen und gegenüberliegend angeordneten Ventilen wie in einem DOHC-Zylinderkopf. Der Konstrukteur erdachte ein neues System zur Steuerung aller Ventile über die ursprüngliche Nockenwelle, die noch immer unten seitlich am Motorblock montiert war. Die Einlassventile waren mit 35 mm Durchmesser größer als zuvor (30 mm) und wurden wie schon im früheren Motor über Stoßstangen und Kipphebel betätigt. Die Ventilsteuerung für jedes 32-mm-Auslassventil begann ebenfalls mit vertikaler Stoßstange und Kipphebel an der Ansaugseite des Motors, von dort übertrug jedoch eine kurze horizontal arbeitende Stoßstange die Bewegung über die Oberseite des Motors, und von dort steuerte schließlich ein weiterer Kipphebel auf der anderen Seite des Zylinderkopfes das Ventil selbst. Der Motor war also auf beiden Seiten des Zylinderkopfes mit Kipphebeln ausgestattet, was ihm im Aussehen und der Funktionsweise etwas Ähnlichkeit mit einem DOHC-Motor verlieh. Schleichers System konnte zwar nicht mit der Drehzahlstabilität eines hochwertigen DOHC-Motors konkurrieren, doch war dieser Langhub-Sechszylinder auch nie als eine so hoch drehende Maschine ausgelegt, weshalb der potenzielle Nachteil mehr theoretisch als praktisch war.

Mehr Leistung – weniger Gewicht

Während der herkömmliche DOHC-Zylinderkopf horizontale Öffnungen besitzt, hatte der Motor des BMW 328 vertikale Ansaugkanäle und horizontale Auslassöffnungen. Oben saßen drei Solex-Fallstromvergaser, die das Gemisch in die Zwillingsansaugkanäle eines Zylinderpaars lieferten. Das Ergebnis war ein 2-Liter-Motor, der mit 80 PS erheblich mehr leistete als selbst die hochgetunten Versionen der vorausgehenden 1,9-Liter-Maschine. Für Rennen konnte der neue Motor nun auf 135 PS getrimmt werden, und wäre der Krieg nicht dazwischengekommen, hätte BMW mindestens ein Jahrzehnt früher eine Version mit Direkteinspritzung entwickelt als Mercedes-Benz mit dem 300 SL. Ungeachtet der imponierenden Leistung dieses 2-Liter-Motors wurde der BMW 328 einem Abmagerungsprogramm unterworfen, um sich gegenüber den leistungsstarken Kompressorwagen der Konkurrenz behaupten zu können. Man entwickelte eine Leichtbauversion des Rohrrahmens des BMW 303 und brachte Leichtmetallaufbauten an, was das Gesamtgewicht auf rund 800 kg reduzierte.

Der erste öffentliche Auftritt des neuen BMW-Modells erfolgte beim Eifel-Rennen am 14. Juli 1936. BMW-Motorrad-Weltrekord-Mann Ernst Henne fuhr in der 2-Liter-Sportwagenklasse sofort auf den ersten Platz, während Uli Richter am Steuer eines weiteren BMW 328 Dritter wurde. Damit begann für den BMW 328 eine überaus erfolgreiche Rennkarriere, in der er bis zum Beginn des Zweiten Weltkriegs alle Konkurrenten weit hinter sich ließ. Die Serienproduktion begann 1937; von diesem Zeitpunkt an war der BMW 328 bis zum Ausbruch des Kriegs regelmäßig bei deutschen Sportwagenrennereignissen anzutreffen. Die Vorteile des BMW 328 waren sein ausgezeichnetes Leistungsgewicht und das berechenbare Handling aufgrund der relativ weichen Federung – in einer Zeit, in der die meisten Sportwagen eine ziemlich harte Angelegenheit waren und sich abmühten, mit allen vier Rädern gleichzeitig auf der Straße zu bleiben. Eine englische Fachzeitschrift staunte über den Fahrkomfort, den die unabhängige Vorderradaufhängung des BMW 328 vermittelte, und lobte gleichzeitig das „hervorragende Kurvenverhalten", während der Rezensent jedoch Bedenken über die seiner Meinung nach zu leichtgängige Lenkung äußerte.

Unten: *Dieser BMW 321 von 1938 hat den kurzen Radstand des BMW 326. In den 1930er-Jahren sorgten die Typenbezeichnungen der BMW-Modelle für Verwirrung.*

Oben: *H. J. Aldington vertrieb BMW-Automobile in Großbritannien als Frazer Nash BMW. Hier ein 328.*

Gegenüberliegende Seite: *Dieser BMW 328 von 1938 gehörte Betty Haig, einer berühmten Rennfahrerin der 1930er-Jahre.*

Unten: *Der OHV-Motor mit seiner ungewöhnlichen Ventilsteuerung besaß viele der Vorteile eines DOHC-Motors.*

Die Popularität des BMW 328 als Rennwagen war so groß, dass manche Rennereignisse von diesem Fahrzeug geradezu dominiert wurden – etwa der Große Preis von Deutschland 1938, bei dem die ersten vier Startreihen ausschließlich aus 328ern bestanden. Für andere Marken lohnte es sich kaum zu erscheinen. Auch außerhalb Deutschlands erwies sich der BMW 328 als sehr erfolgreich und siegte in seiner Klasse bei den meisten wichtigen Sportwagenrennen. Ein Trio aus grünen BMW 328, gesteuert von H. J. Aldington, „B. Bira" (ein Pseudonym des thailändischen Prinzen Birabongse Bhanutej Bhanubandh) und A. F. P. Fane, gewann 1936 den Mannschaftspreis bei der Ulster Tourist Trophy der Sportwagen, die zum letzten Mal auf dem herrlichen Ards-Road-Kurs gefahren wurde, während Fane einen großartigen dritten Platz in der Gesamtwertung hinter dem Riley von Freddie Dixon/Charles Dodson und Eddie Halls Bentley holte. Am folgenden Wochenende erschien Fane mit seinem TT-Wagen beim Bergrennen von Shelsley Walsh und lieferte die schnellste Sportwagenzeit des Tages. Im April 1937 fuhr S. C. H. Davies auf der Rennstrecke von Brooklands in einer Rennversion des 328 einen Durchschnitt von 164,51 km/h mit einer schnellsten Runde von 167,32 km/h. Im selben Jahr steuerte Prinz Bira den BMW 328 auf den ersten Platz in der 2-Liter-Klasse und auf einen dritten Platz im Gesamtklassement bei der Tourist Trophy.

Frankreich war für BMW, zumindest am Anfang, kein sehr günstiges Revier. Beim Großen Preis von Frankreich für Sportwagen 1936 in Montlhéry lag ein Team aus drei BMW 328 in der 2-Liter-Klasse komfortabel in Führung, bis alle drei wegen technischer Probleme aufgeben mussten. Am 24-Stunden-Rennen von Le Mans nahm der BMW 328 erstmals 1937 teil (das Rennen von 1936 war aufgrund von Streiks in Frankreich abgesagt worden), und auch dort war er nicht erfolgreicher als in Montlhéry. Im Laufe des 24-Stunden-Rennens mussten Aldington und Fane aufgrund von Motorschaden aufgeben, während die Wagen von David Murray/Pat Fairfield und Fritz Roth/Uli Richter durch Unfälle ausfielen – Fairfield kam bei einer Massenkollision tragischerweise ums Leben. In Italien schnitt der BMW 328 besser ab, wobei zwei Wagen bei den Mille Miglia 1937, dem Tausend-Meilen-Rennen, unter die ersten zehn fuhren, nämlich Fane/James auf den achten und Lurani/Schaumburg-Lippe auf den

Rechts: *Die klaren aerodynamischen Linien des BMW 328 waren auch sehr attraktiv.*

FGU 30

Frazer Nash: die englischen BMW

CAPTAIN Archibald Frazer Nash gründete das gleichnamige Unternehmen 1924 und baute robuste Sportwagen mit 1,5-Liter-Anzani-Motoren und Kettenantrieb zur Hinterachse. 1929 übernahm es der Rennfahrer, Ingenieur und Unternehmer H. J. Aldington. Er fuhr mit der Produktion der Frazer-Nash-Modelle fort, obwohl sie langsam aus der Mode kamen, und stattete sie mit immer größeren und leistungsstärkeren Motoren aus.

Aldington beteiligte sich mit seinen Wagen auch an Rennen und trat bei der Alpenfahrt 1934 gegen eine gut organisierte Mannschaft in BMW-Automobilen vom Typ 315 an, die den Teampreis gewann und die Frazer-Nash-Fahrzeuge hinter sich ließ. Aldington war beeindruckt und nahm mit BMW-Generaldirektor Franz Josef Popp Geschäftsbeziehungen auf, um BMW-Automobile in Großbritannien zu vertreiben; zuerst Fahrzeuge vom Typ BMW 315, dann den BMW 328. Die meisten Autos trafen bei den Frazer-Nash-Werken in Isleworth, West London, fertig montiert ein. Das Markenzeichen wurde vertauscht und die Lenkung von der linken auf die rechte Seite ummontiert.

Nach dem Krieg vermittelte Aldington für BMW den Verkauf von Automobil- und Motorenkonstruktionsplänen als Reparationsgüter an die Flugzeugfabrik Bristol. Das Ergebnis waren Bristol-Automobile auf BMW-Basis, deren Produktion 1947 begann, und die Lieferung von Bristol-Motoren auf BMW-Basis an Frazer Nash, AC, Lotus und andere. Aldington fuhr bis Ende der 1950er-Jahre mit einer neuen Linie von Frazer-Nash-Automobilen fort. Danach konzentrierte sich die Firma mehr auf den Verkauf. Der Frazer-Nash-BMW erlebte in den 1960er-Jahren als Luxusversion der Limousinen der Neuen Klasse eine kurze Renaissance, aber dann war es mit der Marke Frazer Nash endgültig vorbei.

Oben: *Bristols überarbeitete Version des BMW-Sechszylinder-Reihenmotors.*

Ganz oben: *Der Frazer Nash Targa Florio basierte auf dem Vorkriegs-BMW 328.*

Links: *Die neuen Regeln von Le Mans schrieben eine veränderte Karosserie vor.*

zehnten Rang. Wie Le Mans 1937 und die Tourist Trophy 1936 war auch dieses Rennen von einem tragischen Ereignis überschattet: Der Lancia Aprilia von Bruzzo und Mignanego kam nach dem Kreuzen von Straßenbahnschienen von der Strecke ab und tötete zehn Zuschauer. Daraufhin wurde das legendäre Rennen durch Italien, das bis dahin auf öffentlichen Straßen ausgetragen wurde, in dieser Form verboten und fiel 1939 aus. Stattdessen wurde in Nordafrika das Küstenstraßenrennen Tobruk-Benghasi-Tripolis veranstaltet, bei dem der BMW 328 die ersten drei Plätze in der 2-Liter-Sportwagenklasse belegte.

1939 in Le Mans starteten die 328 mit Stromlinienroadstern und erzielten den Klassensieg im 24-Stunden-Rennen. Bei der RAC Tourist Trophy 1938 gesellte sich zu den Frazer Nash von Aldington und Fane ein dritter Wagen für Dick Seaman. Seaman hatte sich einen Namen als Grand-Prix-Fahrer für Mercedes-Benz gemacht und sich gerade mit BMW-Generaldirektor Franz Josef Popps Tochter Erika verlobt. Die beiden sollten im Dezember desselben Jahres in London heiraten. Doch das Schicksal wollte es anders – denn Seaman starb sechs Monate später im belgischen Spa in einem Grand-Prix-Mercedes.

__Oben:__ Offene und geschlossene Stromlinienmodelle des BMW 328 nahmen noch bis kurz nach Ausbruch des Zweiten Weltkriegs an Rennen teil.

Letzter Sieg

Zu den Stromlinienroadstern gesellte sich ein weiteres Modell für die Mille Miglia 1940. Das legendäre Rennen wurde nun auf einer als Rundkurs abgesperrten verkürzten Strecke von 165 km Länge um Brescia abgehalten und hieß jetzt „Großer Preis von Brescia". Der Organisator des Rennens, Graf Aymo Maggi, besuchte die BMW-Direktoren auf der Berliner Automobilausstellung und überredete sie, eine Werksmannschaft zu entsenden, um den internationalen Status des Rennens zu gewährleisten. Fritz Huschke von Hanstein und Walter Bäumer gewannen in einer speziellen geschlossenen Leichtversion des BMW 328 mit einer

__Oben:__ Der BMW 327 war auch mit einem hochgetunten 328er-Motor erhältlich, wie dieses Modell von 1939.

Oben: Die Linien des BMW-327-Coupés beeinflussten die Nachkriegsmodelle von Bristol.

Oben rechts: Ein BMW 327 mit 328er-Motor. Diese Art der Lackierung war sehr beliebt.

Rechts: Der BMW 335 von 1939 war das bis dahin größte BMW-Modell und kündigte die luxuriösen Nachkriegslimousinen an.

BMW 335

Fertigung:	1939–1941
Motor:	6-Zylinder-Reihe, 12 hängende Ventile, Leichtmetall-Zylinderköpfe
Bohrung x Hub:	82 mm x 110 mm
Hubraum:	3485 ccm
Leistung:	90 PS bei 3500 1/min
Drehmoment:	Keine Angaben
Vergaser:	Doppelregister Solex
Getriebe:	4-Gang, manuell, Einscheibentrockenkupplung
Chassis:	Tiefbett-Kastenrahmen mit separater Stahlkarosserie
Aufhängung:	Vorn: Querlenker mit Querfeder; hinten: starr, 2 Längsfederstäbe
Bremsen:	4 Trommelbremsen
Fahrleistung:	max. 145 km/h

Durchschnittsgeschwindigkeit von 166,723 km/h, während die anderen drei gemeldeten 328er den dritten, fünften und sechsten Platz belegten. Die Karosserien wurden bei Touring (Mailand) in der Superleggera-Bauweise hergestellt. Bei dieser ultraleichten Karosseriekonstruktionstechnik wurden Rohre mit kleinem Durchmesser zu einem Rahmen für die „Elektron"-Platten verschweißt. Die Karosserie wog nur 43 kg, und das gesamte Fahrzeug war mit 650 kg Gewicht rund 150 kg leichter als der Standard-328. Mit der leichten, windschnittigen Karosserie erreichte der Mille Miglia 328 eine Spitzengeschwindigkeit von 216 km/h und brachte erstmals den aerodynamischen Vorteil eines geschlossenen Fahrzeugs gegenüber einem offenen Roadster zur Geltung – die Limousine war 10 km/h schneller als die offene Version. Das BMW-Siegercoupé der Mille Miglia von 1940 gelangte übrigens Mitte der 1950er-Jahre nach Amerika. 30 Jahre später wurde es von dem kalifornischen Sammler Jim Proffitt gekauft und restauriert.

Während der BMW 328 auf der Rennstrecke triumphierte, sorgten die großen BMW-Modelle für die Verkaufszahlen. Dem 326 wurde eine etwas verwirrende Reihe von Modellen zur Seite gestellt, bei denen man BMW-Motoren, Karosserien und Fahrwerke kombiniert hatte. Für kurze Zeit gab es einen Zwischentyp 329 mit der Cabrioletkarosserie des 326, aber dem älteren Rohrrahmen und einem leistungsschwächeren Motor. Ihm folgte der BMW 320, bei dem eine kürzere Version der 326-Karosserie und die einfachere Aufhängung des 319 zum Einsatz kamen. 1938 erschien der BMW 321; bei diesem Modell hatte man zwar die kürzere Karosserie beibehalten, es aber mit dem besseren Aufhängungssystem des BMW 326 ausgestattet. Ein ähnliches Konzept hatte der BMW 327, eine Coupé- oder Cabrioversion des BMW 326 mit dem geringeren Radstand des BMW 321 und ausgestattet mit einem 1,9-Liter-Motor mit 55 PS. Für kurze Zeit war er auch mit dem 80-PS-Motor des BMW 328 erhältlich, wobei er in dieser Ausstattung die etwas verwirrende Bezeichnung BMW 327/28 trug. Kurz vor dem Krieg führte BMW mit dem BMW 335 ein Limousinenmodell ein, das noch größer als der BMW 326 war und einen Radstand von 2984 mm besaß. Für den Antrieb sorgte ein 3,5-Liter-Sechszylinder-Reihenmotor mit 90 PS. Die neue BMW-Limousine war überaus komfortabel und geräumig. Nach Kriegsausbruch im September 1939 galten jedoch andere Prioritäten, und von diesem neuen BMW 335 wurden nur wenige Hundert Stück gebaut.

Rüstungsproduktion

Während des Kriegs setzte BMW den Fahrzeug- und Motorenbau fort, allerdings nun im Auftrag der Reichsregierung. Das Motorradgespann BMW R 75 hatte einen 748-ccm-Zweizylinder-Boxermotor, von dem die Kraftübertragung nicht nur auf das Motorrad selbst, sondern auch auf das Seitenwagenrad erfolgte. Von diesem außergewöhnlichen Gespann, das für jedes Gelände geeignet war, baute BMW rund 16000 Stück für die deutsche Wehrmacht. Diese wurde außerdem mit dem BMW 325 ausgerüstet, einem Schwerlastwagen mit Vierradantrieb. In München wurde die Produktion von Flugzeugmotoren erhöht. BMW lieferte V12-Motoren für die Messerschmidt-Bf-109-Kampfflugzeuge und Sternmotoren für die dreimoto-

Unten: *Das BMW-328-Stromlinien-Siegercoupé der verkürzten Mille Miglia von 1940. In den 1980er-Jahren wurde es in den USA restauriert.*

Oben: *Ein BMW 328 mit Touringkarosserie beim Überfahren der Ziellinie.*

Ganz oben: *Wegen der besseren Aerodynamik waren die Coupés auf der Geraden in Le Mans schneller als die offenen BMW-328-Roadster.*

Rechts: *Die Mille-Miglia-BMW von 1940: Das Siegercoupé steht in der Mitte.*

Hoch hinaus: BMW-Flugmotoren

Der IIIa-Höhenflugmotor war der erste erfolgreiche BMW-Flugmotor. Typ IV und V waren wie der Typ III wassergekühlte Sechszylinder-Reihenmotoren. Ihnen folgten eine Serie V12-Motoren in noch größeren Kapazitäten. 1934 wurde mit der BMW Flugmotorenbau GmbH ein neues Flugmotorenwerk gegründet, dessen erstes Produkt der BMW 132 war, ein Neunzylinder-Sternmotor, der auf einem von BMW unter Lizenz hergestellten amerikanischen Pratt-&-Whitney-Motor basierte. Mit dem neuen BMW-132-Motor wurde auch „Tante Ju", die berühmte Junkers Ju 52, ausgerüstet, die als sicherstes Verkehrsflugzeug der Welt galt.

Der Typ 139, eine größere Version der Pratt-&-Whitney-Konstruktion, erwies sich als unbrauchbar, sodass BMW stattdessen mit dem 801 einen großen 41,8-Liter-Motor mit zwei Reihen zu je sieben Zylindern produzierte. Die beiden Zylinderreihen standen versetzt beieinander und wurden durch ein Magnesiumschaufelrad gekühlt. Der Motor erhielt als erster Flugmotor der Welt ein „Kommandogerät", das selbsttätig die Regelung von Ladedruck, Gemischbildung, Zündzeitpunktverstellung und Ladergangschaltung übernahm. In späteren Motoren mit Zweistufenladern betätigte das Gerät auch die zweite Stufe des Laders, wenn sich das Flugzeug in einer Höhe befand, die dies nötig machte. Der BMW-801-14-Zylinder-Doppelsternmotor wurde in die Focke-Wulf Fw 190 eingebaut, eines der leistungsstärksten deutschen Kampfflugzeuge im Zweiten Weltkrieg.

1939 übernahm BMW die Brandenburger Motorenwerke Bramo, die die neuartigen Düsentriebwerke für das Reichsluftfahrtsministerium entwickelten. Aufgrund von Problemen kam es zu Verzögerungen, sodass eine Junkerseinheit in die Messerschmidt eingesetzt wurde, für die das BMW-003-Einwellen-Triebwerk geplant war. Dieses wurde stattdessen in die Heinkel He 162 eingebaut und bildete die Basis für die Entwicklung der französischen und sowjetischen Düsenflugzeuge nach dem Krieg.

Oben: *Die berühmte „Tante Ju", die Junkers Ju 52, war mit BMW-132-Motoren ausgerüstet.*

rigen Junkers-Ju-52-Transport- und Bomberflugzeuge. BMW übernahm auch die Brandenburger Motorenfabrik Bramo, die einen Gasturbinenmotor zum Einsatz im Düsenkampfflugzeug Messerschmidt Me 262 entwickelte. Das Unternehmen war zudem mit der Konstruktion von Raketentriebwerken für Flugkörper beschäftigt.

Das Kriegsende 1945 bedeutete für BMW scheinbar das Aus, obwohl sich das Unternehmen wieder erholen und erneut den Bau von Automobilen aufnehmen sollte – und zwar nicht mehr in Eisenach, sondern in München. Trotz der Probleme, vor denen die Firma nun stand, hatte BMW im Rennsport nach wir vor einen guten Ruf, was dem beständigen BMW 328 zu verdanken war; denn er gewann nicht nur eines der letzten Rennen vor dem Krieg, sondern auch eines der ersten, die nach Kriegsende 1945 veranstaltet wurden.

Die Erinnerung an die Stromlinienmodelle des BMW 328 war noch sehr lebendig. Der Brite H. J. Aldington stattete einen BMW 328 mit einem neuen Gitter sowie einer geänderten Stromlinienkarosserie aus und bezeichnete ihn als „neuen Frazer Nash". BMW selbst hatte an ähnliche Formen gedacht, und nur der Krieg hatte verhindert, dass eine superstromlinienförmige Version des BMW 328 als Serienfahrzeug produziert wurde. Diese Stromlinienfahrzeuge waren auch die Inspiration für den Jaguar XK120, der 1948 präsentiert wurde. Anklänge an diese geschwungenen Linien waren während der gesamten 1950er-Jahre an so unterschiedlichen Fahrzeugen wie dem Triumph TR2 oder der Corvette von Chevrolet Corvette zu finden.

Für BMW selbst sollte es Jahrzehnte dauern, bis die Firma an die glorreichen Vorkriegsjahre anknüpfen konnte. Dem Unternehmen stand in der zweiten Hälfte der 1940er-Jahre eine schwierige Zeit bevor – die 1950er-Jahre wurden jedoch zur Katastrophe.

Oben: *Dieses seltene Farbfoto zeigt das BMW-Team während der Mille Miglia von 1940 bei der Ankunft in Brescia.*

HR
AUSGANG
METZELER

BAROCKENGEL UND BANKROTT

1945–1959

Vorhergehende Seiten: Der neue BMW 501 wurde auf der Frankfurter Automobilausstellung im April 1951 vorgestellt.

IN DER ZEIT unmittelbar nach dem Zweiten Weltkrieg ging es für BMW ums nackte Überleben. München lag nach den Bombenangriffen in Schutt und Asche, und was noch übrig war, nahmen die Alliierten in Beschlag. So diente das Flugmotorenwerk München-Allach der US-Armee jahrelang als Kraftfahrzeug-Reparaturbetrieb. Wegen seiner Rolle als Motorenlieferant für die Luftwaffe und Entwicklungsbetrieb von Düsen- und Raketentriebwerken im Zweiten Weltkrieg untersagten die Alliierten BMW die Wiederaufnahme der Produktion von Flugmotoren und von Automobilen. Da das Verbot sogar die Motorradherstellung betraf, sahen sich die Bayerischen Motoren Werke bereits zum zweiten Mal in ihrer Geschichte gezwungen, alles Mögliche herzustellen – nur eben keine Motoren: Und so liefen bald Kochtöpfe, Landmaschinen und später auch Fahrräder mit Alu-Rahmen vom Band.

Werkzeuge und Teile für die Motorradproduktion waren 1942 von München nach Eisenach verlagert worden. Zwar war das Eisenacher BMW-Werk von größeren Bombenschäden verschont geblieben, doch befand es sich nach der Aufteilung Deutschlands in der sowjetischen Besatzungszone. Die Sowjets vereinnahmten die Produktionsstätten und stellten ab 1945 mit BMW-Werkzeugen Motorräder her, die im Wesentlichen der BMW R 35 entsprachen. Die Automobilproduktion lief kurz danach wieder an. Eisenach baute Vorkriegstypen wie den BMW 321 und einen geringfügig modifizierten BMW 327, hauptsächlich für den Export. Auch ein neuer BMW 340 tauchte auf, der auf der Vorkriegslimousine BMW 326 basierte, aber mit einem neuen, eher plumpen Kühlergrill im amerikanischen Stil versehen war. Alle diese Fahrzeuge wurden unter der Marke BMW verkauft, wogegen sich die Müchener Firma jedoch zur Wehr setzte. Daraufhin wurden die ostdeutschen Fahrzeuge in EMW (für Eisenacher Motoren Werke) umbenannt und mit einer rot-weißen Version des Markenzeichens versehen. Die Produktion der auf BMW basierenden Automobile in Eisenach endete 1955, als das Unternehmen in Automobilwerk Eisenach umfirmierte. Sein neues Produkt war ein Zweitakt-Wagen namens IFA F 9, der zuvor von einem anderen verstaatlichten ostdeutschen Automobilbauer, nämlich DKW in Zwickau (der späteren Produktionsstätte des Trabant), hergestellt worden war. 1956 erhielt der F 9 eine neue Karosserie und wurde in Wartburg umbenannt, ein Name, den die Eisenacher Automobilbauer bereits Ende der 1890er-Jahre und BMW Ende der 1920er-Jahre für einen Roadster verwendet hatten. Nach der deutschen Vereinigung von 1990 kam die Fabrik unter die Kontrolle von Opel.

Oben: Die Motorradproduktion wurde bei BMW 1948 mit dem R-24-Einzylinder wieder aufgenommen.

In München begann die Motorradproduktion im Dezember 1948. Die Aktivitäten von BMW wurden streng überwacht, und zunächst durfte man nur eine Einzylindermaschine bauen, die R 24. Der Automobilbau wurde erst drei Jahre später wieder aufgenommen.

Oben: Der BMW-Nachbau Bristol 400 von 1947 war das erste Straßenfahrzeug des britischen Flugzeugbauers.

Links: Der Dutch Cotura basierte auf mechanischen Teilen des BMW 328, besaß aber eine leichtere Stahl- und Aluminiumkarosserie.

H. J. Aldington, der BMW-Automobile in Großbritannien unter der Marke Frazer Nash BMW verkauft hatte, sorgte dafür, dass die Bristol Aeroplane Company die Konstruktionsunterlagen der BMW-Vorkriegsmodelle erhielt, und ermutigte außerdem BMW-Konstrukteur Fritz Fiedler, nach England zu gehen, um dort die Fahrzeugentwicklung fortzusetzen. Das Ergebnis war der Bristol 400 von 1947. Inzwischen schufen die deutschen BMW-Ingenieure Spezialfahrzeuge unter der Verwendung der Technik des BMW 328. Ernst Loof und Lorenz Dietrich machten sich unter dem Namen Veritas selbstständig. In Meßkirch, ca. 200 km westlich von München, bauten sie Straßenfahrzeuge und Rennsportwagen, die auf dem BMW 328 basierten und meist aus wieder verwerteten Teilen bestanden. Karl Kling gewann mit Veritas-Fahrzeugen 1947, 1948 und 1949 die Deutsche Sportwagenmeisterschaft in der 2-Liter-Klasse. Als Ersatzteile rar wurden, ging Veritas zu eigenen, von Heinkel gebauten Motoren

Oben: Die Firma Veritas baute Rennwagen auf Basis des BMW 328.

Oben: *Mit seinem auf dem BMW 328 basierenden F 2 holte Paul Greifzu 1951 auf der Avus einen großartigen Sieg.*

Unten: *1952 wurden in München die ersten BMW-501-Modelle übergeben.*

über. Trotz des Erfolgs übernahm sich die Firma und geriet 1950 in finanzielle Schwierigkeiten. Loof verlegte sie zunächst zum Nürburgring, wo er sich auf den Rennsport konzentrierte, kehrte 1953 jedoch wieder zu BMW zurück, was das Ende von Veritas besiegelte.

Helmut Polensky war ein weiterer BMW-Konstrukteur, der auf der Basis des BMW 328 einen Rennsportwagen baute – den Formel-2-Monopol. Trotz der fortschrittlichen Konstruktion des Fahrzeugs, mit einem leichten Rohrrahmenfahrwerk und einem 328er-Motor, führte das Projekt zu nichts. Ein anderes Formel-2-Fahrzeug – der AFM des ehemaligen BMW-Ingenieurs Alex von Falkenhausen – basierte ebenfalls auf dem BMW 328. Aufgrund ihrer hervorragenden Leistung wurde BMW auf Falkenhausens Fahrzeuge aufmerksam. Schon bald kehrte Falkenhausen zu BMW zurück und übernahm 1954 eine werkseigene Rennabteilung.

Wiederaufbau in München

Andere deutsche Automobilhersteller waren bereits wieder im Geschäft. Mercedes in Stuttgart hatte sich von der fast völligen Zerstörung seiner Werksanlagen erholt und begann 1947 mit dem Bau erster Nachkriegsfahrzeuge. Opel in Rüsselsheim startete im selben Jahr die Produktion des Olympia und kündigte 1948 den Kapitän an. Ferdinand Porsche, der 1948 in Gmünd in Österreich mit der Produktion eigener Automobile begonnen hatte, baute 1950 in Stuttgart-Zuffenhausen eine Fertigungsstraße auf. Und Volkswagen belieferte seit Kriegsende die Besatzungsmächte und startete 1949 in Wolfsburg die Produktion für die Allgemeinheit.

Bayerischer Einfluss in englischen Automobilen

BRISTOL SCHNAPPTE sich die Filetstücke der BMW-Vorkriegsproduktion – das perfekte Fahrwerk des BMW 326, den leistungsstarken Motor des 328 und die geschmackvolle zweitürige Karosserie des 327 – und kombinierte diese Komponenten 1947 zu einer kraftvollen Limousine – den Bristol 400. Dem Bristol 400 folgten 1949 der aerodynamische Bristol 401 und das Cabriolet Bristol 402. Der Bristol 403 von 1953 war ähnlich, wies aber eine ganze Reihe veränderter Details auf. Der Bristol 404 mit kurzem Radstand und der viertürige Bristol 405 waren weiterhin mit dem Nachbau des BMW-328-Sechszylindermotors und der Drehstabaufhängung des BMW 326 ausgestattet. Beim Bristol 406 wurde der Hubraum auf 2216 ccm vergrößert, und erst beim Bristol 407 entschied man sich für einen anderen Antrieb (den 5,2-Liter-V8-Motor von Chrysler) und eine neue Vorderradaufhängung mit zwei Querlenkern. Mit Chrysler-Motoren ausgerüstete Bristol werden bis heute produziert.

Mit dem Bristol 450 mit Stoßstangenmotor unternahm das Unternehmen auch einen kurzen Ausflug in den Bereich des Rennsports und lieferte Fahrwerke mit Motor an S. H. Arnolt in den USA. Dieser baute den Arnolt-Bristol, der sich auf der Rennstrecke als sehr erfolgreich erwies. Bristol-Motoren gingen außerdem zu AC für Ace und Aceca sowie zu AFN zum Einbau in Frazer-Nash-Modelle. Aldington setzte BMW-V8-Motoren auch in seinem Competition Model und Continental Coupé ein. In Isleworth wurde jedoch nur eine geringe Anzahl von Automobilen hergestellt, und die Produktion endete 1957 – in demselben Jahr, in dem in Suresnes, Frankreich, eine niedrige Stückzahl von Lago Talbots mit BMW-V8-Motor gebaut wurde.

Oben: Der Motor des Bristol 400 basierte auf dem Motor des BMW-328-Vorkriegsmodells.

Links: Der Bristol 400 vereinte die Filetstücke der BMW-Vorkriegsproduktion zu einer beeindruckenden Sportlimousine.

Oben: Der Innenraum mag nach modernen Maßstäben beengt erscheinen, war jedoch hervorragend verarbeitet.

Inzwischen musste BMW fast aus dem Nichts und mit geringen Mitteln eine neue Fertigungsanlage für Automobile schaffen. So konnte deren Nachkriegsproduktion erst 1951 beginnen. Intern stritt man darüber, welche Art von Automobilen BMW bauen sollte. Fritz Fiedler (der aus Bristol zurückgekehrt war) schlug einen Kleinwagen vor, der mit dem Zweizylinder-Boxermotor aus dem großen BMW-Motorrad ausgerüstet werden sollte. Aufsichtsrat und Vorstand entschieden jedoch, dass BMW seinem Image als Hersteller luxuriöser Modelle treu bleiben und entsprechende Fahrzeuge bauen müsse. Ein neuer leistungsstarker Prototyp wurde im April 1951 auf der Frankfurter Automobilausstellung vorgestellt.

***Oben:** Mit dem BMW 501 blieb man der mächtigen Mercedes-Konkurrenz auf den Fersen.*

BMW 501	
Fertigung:	1952–1954 (Nachfolgemodelle 1954–1958)
Motor:	6-Zylinder-Reihe, 12 hängende Ventile, Zylinderköpfe aus Eisenguss
Bohrung x Hub:	66 mm x 96 mm
Hubraum:	1971 ccm
Leistung:	65 PS bei 4000 1/min
Drehmoment:	132 Nm bei 2000 1/min
Vergaser:	1 Doppel-Fallstromvergaser Solex 30 PAAJ
Getriebe:	4-Gang, manuell, Einscheibentrockenkupplung
Chassis:	Stahlrahmen mit Kasten- und Rohrträgern, separate Ganzstahlkarosserie
Aufhängung:	Vorn: Doppel-Querlenker und Drehstäbe; hinten: Starrachse und Drehstäbe
Bremsen:	Hydraulisch, 4 Trommelbremsen
Fahrleistung:	max. 138 km/h; von 0 auf 100 km/h: 27 Sekunden

***Gegenüberliegende Seite:** Der BMW 501 und seine Nachfolger konnten die finanzielle Situation des Unternehmens kaum verbessern.*

Der großzügige BMW-Stand auf dieser Ausstellung war einem einzigen Fahrzeug gewidmet – einer schwarzen Limousine mit geschwungenen Formen, die etwa 200 mm länger und breiter war als das Vorkriegsmodell BMW 326. In die imposante moderne Linie war eine gedrungene Version der BMW-„Niere" integriert. Hinter der langen Motorhaube befand sich eine geräumige Fahrgastzelle mit großen Türen und einer großzügigen Verglasung. Die Technik dieses Prototyps stammte weitgehend vom BMW 326. Das bedeutete ein schweres, robustes Kastenprofil-Fahrgestell. Drehstäbe waren nun bei der vorderen und hinteren Aufhängung im Einsatz und sorgten für großen Fahrkomfort. Eine härtere Sportfederung mit Stäben, deren Durchmesser 22 mm anstelle von 20,7 mm betrug, war optional erhältlich. Zu den Details gehörte eine Kegelradlenkung mit gebogener Zahnstange – die eingesetzt wurde, um den Motor möglichst weit vorn einbauen zu können und somit innerhalb des Radstands zu montieren, was den Fahrkomfort erhöhte. Der Motor, eine 1971-ccm-Version des Sechszylinder-Reihenmotors aus der Vorkriegszeit, wurde über eine kurze Kardanwelle mit dem separaten Getriebe verbunden (das von ZF in Friedrichshafen hergestellt wurde). Dieses war unterhalb der vorderen Sitzbank montiert, was einen aufwändigen Übertragungsmechanismus zur Lenksäule notwendig machte, an der sich die damals beliebte Lenkradschaltung befand. Der Vorteil des separaten Getriebes war, dass dadurch der Boden vor den Vordersitzen frei war und auf der durchgehenden vorderen Sitzbank drei Personen Platz fanden.

Der Motor dieses neuen BMW 501 ähnelte dem des Vorkriegsmodells BMW 326 sehr stark. Aufgrund der technischen Weiterentwicklung hatte er mit 65 PS jedoch eine deutlich höhere Leistung als der 50-PS-Motor seines Vorläufers. Dennoch hatte der Motor Mühe mit dem hohen Gewicht des neuen Automobils, das rund 1340 kg betrug. Viele Limousinen aus dieser Zeit waren trotz kleinerer Motoren wesentlich flotter als der BMW 501. Am Horizont zeichneten sich jedoch technische Entwicklungen ab, die dieses Problem bald lösen sollten.

Trotz der etwas schwachen Leistung fand der BMW 501 aufgrund seiner soliden Konstruktion und des gelungenen Designs viel Zustimmung. Mit einem Preis von über 15 000 DM kostete dieses Modell etwa viermal so viel, wie ein Durchschnittsdeutscher im Jahr verdiente. Der BMW 501 war fast 4000 DM teurer als sein größter Konkurrent, der Mercedes-Benz 220. Der Mercedes war zwar schneller, aber auch etwas kleiner und besaß eine weniger geschwungene Form. Der größte Vorteil des Stuttgarter Fahrzeugs war jedoch, dass es bereits erhältlich war, während BMW lediglich die Bestellungen entgegennehmen konnte.

Inzwischen ging die Entwicklung des BMW 501 weiter, obwohl die Produktionsmaschinen erst Ende 1952 zur Verfügung stehen sollten. Und auch dann trugen die Investitionen von BMW (mit dem Geld der Deutschen Bank) in ein eigenes Karosserie- und Presswerk noch keine Früchte, da dessen Ausbau noch nicht abgeschlossen war. Die ersten Karosserien des BMW 501 wurden deshalb von der Firma Baur in Stuttgart gefertigt, nach München transportiert und auf das Fahrwerk montiert. Seine runden Formen trugen dem BMW 501 schon bald den Beinamen „Barockengel" ein.

Nachdem BMW die Produktion des BMW 501 endlich begonnen hatte, gingen die Schwierigkeiten erst richtig los. Die für die große Limousine prognostizierten Verkaufszahlen von etwa 3000 Fahrzeugen im Jahr hatten sich als viel zu optimistisch herausgestellt. In den Jahren, in denen er als Topmodell produziert wurde, liefen durchschnittlich 2000 Stück vom Band. Die meisten Deutschen waren damals mit Fahrrädern, Fahrrädern mit Hilfsmotor oder Motorrädern unterwegs (nicht zuletzt die guten Verkaufszahlen der BMW-Motorräder hiel-

AB 48-7917

Oben: Der BMW 501 V8 (und der ähnliche 502) waren schnell und geräumig, aber zu teuer, um hohe Verkaufszahlen zu erreichen.

ten die Firma über Wasser). Bei den Automobilen auf Deutschlands Straßen handelte es sich meist um zusammengeflickte Vorkriegsvehikel, da nur wenige sich überhaupt ein neues Auto leisten konnten, geschweige denn ein so teures wie den BMW 501. Und gerade in diesem ohnehin kleinen Marktsegment machten zwei Mercedes-Modelle dem BMW 501 Konkurrenz: der billigere, leichtere Mercedes-Benz 220 und der größere, komfortablere Mercedes-Benz 300, den auch Bundeskanzler Konrad Adenauer benutzte.

1954 erhielt der BMW 501 einige Verbesserungen. Ein größerer Vergaser und eine höhere Drehzahlgrenze verhalfen dem Sechszylindermotor zu 72 PS. Der BMW 501 A kostete mit 14180 DM rund 1000 DM weniger als seine Vorgänger. Ein noch preiswerteres Modell folgte sechs Monate später mit dem BMW 501 B, der denselben Motor und eine ähnliche Karosserie besaß, aber schlichter ausgestattet war. Die wichtigste Neuerung erfolgte jedoch 1954 am anderen Ende des Produktangebotes mit einem viel leistungsstärkeren Schwestermodell.

Mit der Kraft von acht Zylindern

Seit 1949 hatte BMW an einem neuen V8-Motor für große Limousinen gearbeitet. Heraus kam ein 2580-ccm-Motor mit einer zentralen Nockenwelle, hängenden Ventilen und 100 PS, der im März 1954 auf dem Genfer Salon vorgestellt wurde. Dabei hatten sich die BMW-Konstrukteure auch an der neuen Generation von V8-Motoren aus den USA orientiert, deren Pioniere Chevrolet und Oldsmobile waren. Und doch erwies sich der BMW-Motor, der erste deutsche V8-Motor nach dem Krieg, aufgrund des umfassenden Einsatzes von Aluminium als etwas Besonderes. Kurbelgehäuse und Zylinderköpfe bestanden aus diesem Leichtmetall ebenso wie Ölwanne, Steuergehäusedeckel, Ansaugkrümmer und Kupplungsgehäuse. Die Stahlzylinderlaufbuchsen wurden vom Kühlwasser direkt umspült. Normalerweise mangelte es Motoren mit solchen nassen Laufbuchsen an Stabilität, doch BMW gelang es, das Problem trotz dieses überwiegend aus Leichtmetall konstruierten Aggregats zu vermeiden. Damit hatten die Bayerischen Motoren Werke wieder einmal ihre Fähigkeit als geniale Motorenbauer unter Beweis gestellt.

Oben: 1955 wurde der BMW 501 mit einem V8-Motor ausgestattet, was ihn zu einer der schnellsten deutschen Limousinen machte.

Der mit dem V8-Motor ausgestattete BMW 502 ähnelte im Aussehen stark dem BMW-501-Sechszylindermodell. Was die Leistung betrifft, so spielte er jedoch in einer anderen Liga: Während der BMW-501-Sechszylinder zu den behäbigsten deutschen Limousinen zählte, war der BMW 502 V8 eine der schnellsten. Er beschleunigte von 0 auf 100 km/h in 17,5 Sekunden, fast 10 Sekunden schneller als der BMW 501. Ab 1955 wurde der BMW 502 mit einer vergrößerten Heckscheibe und einem 3,2-Liter-V8-Langhubmotor mit 120 PS ausgestattet. Der 2,6-Liter-V8-Motor wurde dagegen in die Karosserie des BMW 501 eingebaut, sodass der BMW-501-Achtzylinder entstand. Dieser lief neben dem Modell mit Sechszylindermotor (der nun auf 2077 ccm aufgebohrt worden war). Die Nachfrage nach den Sechszylindermodellen

Links: Der BMW 502 erhielt 1955 einen 3,2-Liter-V8-Langhubmotor. Das Aussehen des Fahrzeugs blieb jedoch fast unverändert.

BMW 502

Fertigung:	1954–1958 (Nachfolgemodelle 1958–1964)
Motor:	Leichtmetallblock, V8 (90°-V-Form), 16 hängende Ventile
Bohrung x Hub:	74 mm x 75 mm
Hubraum:	2580 ccm (bis 1955)
Leistung:	100 PS bei 4800 1/min
Drehmoment:	184 Nm bei 2500 1/min
Vergaser:	1 Doppel-Fallstromvergaser Solex 30 PAAJ
Getriebe:	4-Gang, manuell, Einscheibentrockenkupplung
Chassis:	Stahlrahmen mit Kasten und Rohrträgern, separate Ganzstahlkarosserie
Aufhängung:	Vorn: Doppel-Querlenker und Drehstäbe; hinten: Starrachse und Drehstäbe
Bremsen:	Hydraulisch, 4 Trommelbremsen
Fahrleistung:	max. 160 km/h; von 0 auf 100 km/h: 17,5 Sekunden

ließ jedoch dramatisch nach. Die zahlungskräftigen Käufer, die sich einen solchen Wagen leisten konnten, wünschten sich mehr Leistung und waren auch bereit, für den V8 mehr zu zahlen, während sich die weniger wohlhabende Klientel mit dem weitaus preiswerteren, aber ebenso schnellen Opel Kapitän zufrieden gab. Die Serienproduktion des BMW-501-Sechszylinders lief zum Jahresende 1958 schließlich aus, wobei die letzten Modelle ebenfalls mit der Panorama-Heckscheibe des BMW 502 ausgestattet wurden. Später wurden noch einige Exemplare mit Sechszylindermotor für die Münchner Polizei und Feuerwehr gefertigt.

Speziell karossierte Versionen des BMW 501 und 502 beschäftigten die deutschen Karosseriebauer in den 1950er- und noch bis in die 1960er-Jahre. Manche bauten die großen BMW-Limousinen zu Krankentransportwagen und Leichenwagen um, während die Mindener Karosseriefabrik Busse mit BMW-V8-Motoren ausstattete. Auch Coupés und Cabriolets waren sehr gefragt und wurden in kleinen Stückzahlen für wohlhabende Kunden hergestellt.

Max Hoffmann, ein österreichischer Emigrant, der in den 1940er-Jahren in den USA eine Importfirma für europäische Sportwagen gegründet hatte, importierte nun auch BMW-Automobile in die USA. Hoffmann hatte tausende von MGs verkauft und Jaguar und Porsche in den USA berühmt gemacht. Später hatte er Mercedes-Benz vorgeschlagen, eine Straßenversion des berühmten Flügeltürsportwagens 300SL zu bauen. Nun regte Hoffmann BMW dazu an, einen eigenen V8-Sportwagen herzustellen, um den Verkauf in den USA anzukurbeln. Und Hoffmann wusste auch, wer diesen Wagen gestalten sollte: Albrecht Graf Goertz.

Der aus Hannover gebürtige Goertz ging 1937 nach Amerika. Dort ließ er sich einbürgern und arbeitete als KFZ-Mechaniker, während er einen Design-Kurs am renommierten Pratt Institute besuchte. Er wirkte Anfang der 1950er-Jahre am Design von Studebaker-Modellen mit und machte sich schließlich als freiberuflicher Designer in New York selbstständig.

Goertz entwarf zwei Modelle für BMW. Der BMW 503 war ein zweitüriges Coupé oder Cabriolet auf der Basis des 502-Fahrwerks mit einer 140-PS-Version des V8-Motors. Sein

Oben: *Die meisten der BMW-501- und -502-Modelle waren Limousinen. Es gab jedoch auch Coupés, wie dieser 502 von 1954.*

Gegenüberliegende Seite, Mitte: *Auch als Coupé überzeugte der BMW 503. Die Goertz-Modelle wirkten moderner als die konservativen Limousinen aus München.*

Gegenüberliegende Seite, unten: *Trotz des herrlichen Stylings fand der BMW 503 aufgrund seines hohen Preises nur wenige Käufer. Als die Produktion 1959 eingestellt wurde, hatte man etwas über 400 Fahrzeuge abgesetzt.*

Design war klarer und moderner als alle bisherigen BMW-Produkte und wurde viel bewundert. Noch größeren Beifall fand jedoch Goertz' andere Kreation für BMW, der BMW 507 Sportwagen – den man bei BMW lieber als „Touring Sportwagen" bezeichnete. Er war mit der 150-PS-Version des 3,2-Liter-V8-Motors von BMW ausgestattet und erreichte eine Höchstgeschwindigkeit von fast 225 km/h. Dank der guten Gewichtsverteilung brachte der BMW 507 genau die Leistung, die sein extravagantes Aussehen rechtfertigte. Goertz hatte den traditionellen Nierengrill abgeflacht und dem 507 damit eine aggressive Vorderfront mit zwei „Nasenlöchern" verliehen. Er besaß eine lange Haube und Kotflügel, deren Linie zum Fahrzeugheck hin langsam nach unten verlief. Hinter der Tür setzte der hintere Kotflügel zu einem Schwung nach oben an und verlieh dem 507 damit einen kraftvollen und dennoch eleganten Charakter. Selbst das abnehmbare Hardtop, das zur Standardausstattung gehörte, fügte sich gut ein. Das Design sprach für Goertz' Glauben an „die Einheit, die ein Kunstwerk ausmacht" und daran, dass die besten Automobile von einer Person entworfen werden und nicht von einer ganzen Armee von Designern, wie dies bei den Automobilherstellern in den USA der Fall war. Die Zeitschrift „Sports Car Illustrated" bemerkte, der 507 sei ein „Automobil, das völlig Fremde zum Anhalten veranlasst, um dir zu sagen, wie schön es ist"; auch viele andere Kommentatoren bezeichneten dieses puristisch klassische Design als die schönste Automobilform, die sie jemals gesehen hätten.

Trotz der Zustimmung, die er für sein Goertz-Design erfuhr, war der BMW 507 jedoch kaum geeignet, die immer katastrophaleren finanziellen Probleme des Unternehmens zu lösen. Hoffmann, hinter dessen Ideen stets große Zahlen standen, hatte BMW in Aussicht

Oben: *Das von Goertz entworfene 503 Cabriolet war ein ausgezeichneter Tourenwagen. Hinter seiner Eleganz steckte die Power des BMW-3,2-Liter-V8-Motors.*

Links: *Albrecht Graf Goertz entwarf als freier Designer neben dem eleganten BMW 503 auch den hinreißend schönen BMW 507.*

BMW 503

Fertigung:	1956–1959
Motor:	Leichtmetallblock, V8 (90°-V-Form), 16 hängende Ventile
Bohrung x Hub:	82 mm x 75 mm
Hubraum:	3168 ccm
Leistung:	140 PS bei 4800 1/min
Drehmoment:	220 Nm bei 3800 1/min
Vergaser:	2 Doppel-Fallstrom-vergaser Zenith
Getriebe:	4-Gang, manuell, Einscheibentrockenkupplung
Chassis:	Stahlrahmen mit Kasten- und Rohrträgern, separate Leichtmetallkarosserie
Aufhängung:	Vorn: Doppel-Querlenker und Drehstäbe; hinten: Starrachse und Drehstäbe
Bremsen:	Hydraulisch, 4 Trommelbremsen
Fahrleistung:	max. 190 km/h; von 0 auf 100 km/h: 13 Sekunden

gestellt, 2000 Automobile vom Typ BMW 507 zu einem Einkaufspreis von je 12000 DM zu ordern. Als sich die tatsächlichen Kosten als rund doppelt so hoch erwiesen, wollte sich Hoffmann nur noch zur Abnahme einiger weniger Exemplare verpflichten. Man sprach davon, die teure handgefertigte Aluminiumkarosserie durch eine in Serie produzierte Stahlkarosserie zu ersetzen, was den Listenpreis in den USA 1957 von 8988 Dollar auf rund 5000 Dollar gesenkt hätte. Dazu sollte es jedoch niemals kommen. Stattdessen blieb der BMW 507 ein hübscher, handgefertigter Sportwagen für Superreiche: Nur gut 250 Stück wurden gebaut, die letzten davon besaßen vordere Scheibenbremsen. Ihr Preis lag in den USA bei über 10000 Dollar. Der BMW 503 verkaufte sich etwas besser: Als die Produktion 1959 eingestellt wurde, hatten etwas über 400 Exemplare einen Abnehmer gefunden.

Der Ruhm dieser außergewöhnlichen Kreationen sorgte jedoch nicht für die erwartete Steigerung des Ansehens – und vor allem der Verkaufszahlen – der herkömmlichen Limousinen. Und noch ein weiterer Versuch, Prestige zu gewinnen, scheiterte: Man wollte Bundeskanzler Adenauer eine große BMW-505-Limousine (eine längere und noch komfortablere Version des BMW 502) als Staatskarosse zur Verfügung stellen. Dieser entschloss sich jedoch nach einigen Probefahrten, zum vertrauten Mercedes-Benz 300 zurückzukehren. Adenauer verwendete den großen Mercedes sehr lange, und bis heute ist der Mercedes-Benz 300 als „Adenauer-Typ“ bekannt. Der BMW 505 kam deshalb nie über die Prototypphase hinaus.

Unten: *Noch schöner als der BMW 503 war der 507 – BMWs Antwort auf den 300SL-Roadster der Stuttgarter Konkurrenz.*

Die Unternehmensleitung von BMW erkannte, dass die Modelle BMW 501 und 502 aufgrund des inzwischen veralteten Stylings und der hohen Preise niemals die Verkaufszahlen erreichen würden, die man brauchte, um das für künftige Investitionen notwendige Geld zu gewinnen. BMW suchte also ein populäres, preiswertes Produkt, das die Bänder am Laufen hielt und den so dringend nötigen Gewinn machen würde. So kam es zu einer ganz ähnlichen Situation wie in Eisenach in den späten 1920er-Jahren – und auch die Lösung war vergleichbar: Wie damals rettete BMW ein Fahrzeug, das anderswo bereits produziert wurde.

Die Isetta kommt ins Spiel

Renzo Rivoltas Mailänder Firma Iso hatte mit dem Bau von Kühlschränken begonnen und sich dann auf Motorroller und dreirädrige Nutzfahrzeuge verlegt. 1953 beschloss Rivolta, ein kleines Automobil zu bauen, um auch finanziell schwächer gestellte Italiener vom Motorroller wegzubringen. Seine Isetta war eine clevere Konstruktion: Sie hatte eine Länge von nur 2260 mm und eine charakteristische „Eiform". Die einzige Tür der Isetta machte die gesamte Front des Wagens aus. An ihr war auch die Lenksäule befestigt, die beim Öffnen der Tür nach oben schwenkte. Die weit auseinander liegenden Vorderräder besaßen eine unabhängige Aufhängung, die Hinterradaufhängung war etwas einfacher gestaltet: Denn dank der hinteren Spurbreite von weniger als 610 mm kam die Isetta ohne Differenzial aus. Der 236-ccm-Zweizylinder-Zweitaktmotor war weit unten im Heck montiert.

BMW erwarb also von Iso die Isetta-Lizenz, und während Iso mit dem Geld aus Lizenzgeschäften zu einem Hersteller von Luxusautomobilen mit amerikanischen V8-Motoren wurde, stellte BMW das überarbeitete BMW-Isetta-250-Motocoupé auf der Frankfurter Automobilausstellung 1955 vor. Als Motor verwendete man den 245-ccm-Einzylinder-Viertakter aus dem Motorrad R 25. 1956 folgte die BMW Isetta 300 mit einem 298-ccm-Motor, und noch im selben Jahr erhielt die Isetta-Karosserie bei einer Überarbeitung größere Seitenfenster. In fast acht Jahren baute BMW über 161 000 Isettas, und über 1000 weitere wurden unter BMW-Lizenz in Großbritannien produziert, wo man sie mit einem einzelnen Hinterrad ausstattete, um die geringere Besteuerung für Dreiradfahrzeuge auszunutzen. Als die Suezkrise 1956 zu einer Ölknappheit in Europa führte, richtete sich das Interesse der Käufer erneut auf kleine sparsame Automobile, sodass diese Kleinwagen weiterhin sehr gefragt waren.

Oben: *Das abnehmbare Hardtop des 507 fügte sich gut in die Gesamtlinie des Fahrzeugs, das mit oder ohne Dach fraglos eine stilistische Meisterleistung war.*

Oben: *Mit 150 PS aus dem getunten 3,2-Liter-V8-Motor hielt die Leistung, was das Aussehen versprach.*

Oben: *Die gute Innenausstattung untermauerte die von BMW bevorzugte Bezeichnung „Touring Sportwagen" für den BMW 507.*

BMW 507

Fertigung:	1956–1959
Motor:	Leichtmetallblock, V8 (90°-V-Form), 16 hängende Ventile
Bohrung x Hub:	82 mm x 75 mm
Hubraum:	3168 ccm
Leistung:	150 PS bei 5000 1/min
Drehmoment:	240 Nm bei 4000 1/min
Vergaser:	2 Doppel-Fallstrom-vergaser Zenith
Getriebe:	4-Gang, manuell, Ein-scheibentrockenkupplung
Chassis:	Stahlrahmen mit Kasten- und Rohrträgern, separate Leichtmetallkarosserie
Aufhängung:	Vorn: Doppel-Quer-lenker und Drehstäbe; hinten: Starrachse und Drehstäbe
Bremsen:	Hydraulisch, 4 Trommel-bremsen
Fahrleistung:	max. 207 km/h*; von 0 auf 100 km/h: 11,5 Sekunden

**abhängig vom Übersetzungsverhältnis*

***Rechts:** Der von Goertz entworfene BMW 507 fand große Bewunderung – aber nur wenige konnten sich ein solches Fahrzeug leisten.*

Oben: *Die Isetta war in den 1950er-Jahren überaus beliebt und sogar bei einigen Rennen mit von der Partie – wie das abgebildete Fahrzeug bei den Mille Miglia 1955.*

Rechts: *Die Fronttür der Isetta erlaubte trotz der geringen Größe des Fahrzeugs einen bequemen Einstieg.*

BMW Isetta

Fertigung:	1955–1962
Motor:	4-Takt-Einzylinder, 2 hängende Ventile, Zylinderköpfe aus Eisenguss
Bohrung x Hub:	68 mm x 68 mm
Hubraum:	245 ccm
Leistung:	12 PS bei 5800 1/min
Drehmoment:	Keine Angaben
Vergaser:	1 Bing-Schiebervergaser
Getriebe:	4-Gang-Klauengetriebe, Einscheibentrockenkupplung
Chassis:	Stahlrohrrahmen mit Ganzstahlkarosserie
Aufhängung:	Vorn: geschobene Längsschwingen, Schraubenfedern; hinten: Starrachse, Blattfedern
Bremsen:	Hydraulisch, 4 Trommelbremsen
Fahrleistung:	ca. 85 km/h

In München erkannte man, dass die Anziehungskraft der BMW Isetta nur so lange währen würde, wie sich deren Käuferschicht nichts Besseres leisten konnte. Es klaffte eine Lücke zwischen der winzigen sparsamen BMW Isetta und den großen teuren V8-Modellen, die BMW schließen musste. Dafür brauchte man eine mittelgroße Limousine mit einem 1,5-Liter-Motor. Da die Entwicklung eines völlig neuen Automobils mit einem völlig neuen Motor jedoch aus finanziellen Gründen unmöglich war, baute BMW mit der vorhandenen Technik eine größere Version der BMW Isetta, die als BMW 600 bezeichnet wurde.

Willi Black konstruierte eine erweiterte Version des Isetta-Fahrwerks, bei dem die Spur der Hinterräder verbreitert wurde, um Platz für zwei Rücksitze zu schaffen. Die Hinterradaufhängung mit Schräglenker stellte damals eine Neuheit dar, die für den BMW-Fahrzeugbau viele Jahre lang richtungsweisend sein sollte. Der BMW 600 behielt die Eiform der kleineren Isetta ebenso wie deren Fronteinstieg bei, wurde aber zusätzlich mit einer seitlichen Tür versehen, um den Zugang zum Heck der Fahrgastzelle zu ermöglichen. Der Antrieb erfolgte durch eine 582-ccm-Version des bewährten Boxermotors der BMW-Motorräder, der dem BMW 600 genügend Leistung verlieh. Alex von Falkenhausen bewies dies bei einer Rallye, bei der seine Frau als Kopilotin fungierte.

Obwohl zwischen 1957 und 1959 fast 35000 Exemplare des BMW 600 gebaut wurden, konnte das Fahrzeug aufgrund des relativ hohen Preises (der nur wenig unter dem des Volkswagen lag) die Erwartungen nicht erfüllen. Das seltsame Aussehen der Isetta mochte für ein konkurrenzlos preiswertes Automobil hingehen und eine Zeit lang auch seinen Reiz haben. Aber als die Käufer etwas wohlhabender wurden, wünschten sie sich ein Fahrzeug, das sie nicht ständig daran erinnerte, dass sie sich ein „normales" Automobil nicht leisten konnten. Der BMW 700, der ab 1959 produziert wurde, sollte dieses Problem lösen.

Wie die Bezeichnung erkennen lässt, war der BMW 700 mit einem größeren Motor ausgestattet als der BMW 600. Dabei handelte es sich um eine 697-ccm-Maschine mit 30 PS, die auf dem Motorrad-Boxermotor basierte. Diesmal vermied BMW den Fehler, den man beim BMW 600 gemacht hatte, und installierte den Motor in eine komplett neue Karosserie, die der talentierte italienische Designer Giovanni Michelotti entworfen hatte. Die erste Version, die ab August 1959 verkauft wurde, war ein zweitüriges Coupé, und am Jahresende folgte eine Limousine mit einer hinten weit weniger stark abfallenden Dachlinie.

Während die Isettas und dann die BMW-600- und -700-Modelle in München die Bänder am Laufen hielten, experimentierte man weiter an der V8-Reihe herum. 1957 wurde der 140-PS-V8-Motor des BMW 503 in die Karosserie der BMW-502-Limousine eingebaut, sodass daraus der BMW 3,2 Liter Super entstand. Die Modellreihe der BMW-Limousinen bestand im Jahr 1961 aus dem 2,6 Liter und der 2,6-Liter-Luxusversion (100 PS) sowie dem 3,2 Liter (120 PS) und dem 3,2 Super (140 PS). Der Erfolg blieb dennoch hinter den Erwartungen zurück. Die Verkaufszahlen der kleineren Automobile waren zwar zufrieden stellend, doch wegen der niedrigen Preise machte das Unternehmen damit kaum Gewinn. Noch schlimmer war jedoch, dass mit der besseren Wirtschaftslage auch der Motorradverkauf zurückging. Die Schulden des Unternehmens wurden immer größer, und BMW musste sich nicht nur an die Banken, sondern auch an den bayerischen Staat um Hilfe wenden.

Dann folgte die denkwürdige Hauptversammlung vom 9. Dezember 1959. Dort legten die BMW-Großaktionäre – darunter die Deutsche Bank – einen Sanierungsplan vor, nach dem BMW für einen geringen Preis von der Daimler-Benz-AG übernommen worden wäre. Die Kleinaktionäre waren jedoch fest entschlossen, die Unabhängigkeit von BMW zu erhalten. Dank eines genialen Schachzugs ihres Sprechers, des Frankfurter Anwalts Dr. Friedrich Mathern, konnte die Übernahme abgewendet werden. Die Loyalität der Kleinaktionäre und ihre entschlossene Abwehr der Übernahme erregten die Aufmerksamkeit neuer Investoren, die entscheidend dazu beitrugen, dass sich das Schicksal von BMW wendete.

***Oben:** Der BMW 600 basierte auf dem erweiterten Fahrwerk der Isetta und einem Motorrad-Boxermotor.*

BMW 600

Fertigung:	1957–1959
Motor:	2-Zylinder (Boxer), 4 hängende Ventile, Zylinderköpfe aus Eisenguss
Bohrung x Hub:	74 mm x 68 mm
Hubraum:	582 ccm
Leistung:	19,5 PS bei 4500 1/min
Drehmoment:	39 Nm bei 2500 1/min
Vergaser:	1 Flachstromvergaser Solex
Getriebe:	4-Gang manuell, Einscheibentrockenkupplung
Chassis:	Stahlrohrrahmen mit Ganzstahlkarosserie
Aufhängung:	Vorn: geschobene Längsschwingen, Schraubenfedern; hinten: Längslenker, Schraubenfedern
Bremsen:	Hydraulisch, 4 Trommelbremsen
Fahrleistung:	ca. 100 km/h

***Links:** Der BMW 600 hatte eine große Fronttür wie die Isetta und eine zusätzliche Seitentür für den Zugang zu den Rücksitzen.*

RETTUNG & NEUANFANG
1959–1972

Vorhergehende Seiten: *Die 02-Reihe brachte verschiedene Modelle, darunter auch ein Cabriolet.*

BMW 700

Fertigung:	1959–1965
Motor:	2-Zylinder (Boxer), 4 hängende Ventile, Zylinderköpfe aus Eisenguss
Bohrung x Hub:	78 mm x 73 mm
Hubraum:	697 ccm
Leistung:	30 PS bei 5000 1/min
Drehmoment:	51 Nm bei 3400 1/min
Vergaser:	1 Fallstromvergaser Solex 34 PCI
Getriebe:	4-Gang, manuell, Einscheibentrockenkupplung
Chassis:	Selbsttragende Ganzstahlkarosserie
Aufhängung:	Vorderrad: geschobene Längsschwingen und Schraubenfedern
Bremsen:	Hydraulisch, 4 Trommelbremsen
Fahrleistung:	max. 120 km/h

DER RETTER der Bayerischen Motoren Werke war der Finanzier und Großaktionär Dr. Herbert Quandt. Gemeinsam mit seinem Halbbruder Harald besaß er bereits Anteile an BMW (und anderen Automobilherstellern wie etwa Daimler-Benz). Er hatte sich von den Argumenten, die zur Erhaltung der Unabhängigkeit von BMW vorgebracht worden waren, überzeugen lassen und sorgte nun mit seiner Familie dafür, dass die von einigen Mitgliedern des Aufsichtsrats vorgeschlagene Übernahme nicht zu Stande kam und das Münchener Unternehmen noch eine Galgenfrist erhielt. Weiterhin aber benötigte BMW dringend neue Modelle, um wieder auf die Beine zu kommen. Quandts erste Tat war daher die Einsetzung eines neuen Managements, das diese neuen Modelle liefern sollte.

Der BMW 700 stellte einen viel versprechenden Anfang auf dem Weg zur Gesundung des Unternehmens dar. Das kleine Coupé und die Limousine, die ihm bald folgte, fanden dank ihres gefälligen Äußeren und der spritzigen Leistung einen aufnahmebereiten Markt. Auch in Wettbewerben gelangte der BMW 700 zu Ruhm und Ehren, obgleich das Renndebüt des Fahrzeugs im März 1960 mit Fahrer Alex von Falkenhausen wegen eines technischen Defekts mit einem Ausfall endete. Noch im selben Jahr aber wurde Hans Stuck senior mit dem BMW 700 Deutscher Bergmeister der Tourenwagen, und beim Großen Preis der Tourenwagen im ACS-Sechsstundenrennen auf dem Nürburgring, ebenfalls 1960, erzielte der BMW 700 unter den Piloten Walter Schneider und Leo Levine seinen ersten Klassensieg. Auch bei den zwölf Stunden von Hockenheim siegte Stuck mit Partner Sepp Greger in der 700-ccm-Klasse.

Einige Regeländerungen erlaubten dem Rennteam um Alex von Falkenhausen ab 1961, den Motor des BMW 700 bei Wettbewerben stärker zu modifizieren. Der einzige Vergaser des Straßenfahrzeugs wurde durch je einen separaten Amal-Vergaser für jeden Zylinder ersetzt, und mit einer Überarbeitung von Nockenwelle und Zylinderköpfen brachten sie den 697-ccm-Motor auf bis zu 65 PS. Zahlreiche Klassensiege folgten trotz der starken Konkurrenz der Fiat-Abarths oder des 1,3-Liter-Alfa-Juniors. So gewann Schneider 1961 die AvD-

Rechts: *Hans Stuck senior war mit dem Rennsport-Zweisitzer BMW 700RS am Berg überaus erfolgreich.*

***Links:** Der BMW 700 war ein beliebtes Wettbewerbsfahrzeug, hier in einer Haarnadelkurve in Monaco während der Rallye Monte Carlo von 1961.*

Nürburgring-Trophäe für Tourenwagen. Weitere erwähnenswerte Fahrer auf dem BMW 700 waren Burkhard Bovensiepen (der später die Tuning-Firma Alpina gründete), die spätere Formel-1-Legende Jacky Ickx und Hubert Hahne, der bald BMW-Werksfahrer wurde.

Während der BMW 700 auf der Rennstrecke Lorbeer erntete, arbeiteten die Entwicklungsingenieure des Unternehmens fieberhaft an neuen Straßenmodellen. Der erste dieser neuen Wagen war die sehnsüchtig erwartete Mittelklasse-Limousine, mit der die Lücke zwischen Isetta und BMW 700 einerseits und den noch mit alter Technik ausgestatteten V8-Limousinen andererseits geschlossen werden sollte. Das erste Fahrzeug der neuen Reihe namens „Neue Klasse" war der BMW 1500, der im September 1961 auf der Frankfurter Automobilausstellung als Prototyp vorgestellt wurde. Das flotte Styling erinnerte an den BMW 700, doch war der 1500 funktioneller gestaltet als jener. Die Form wurde im Haus entwickelt, wenn ihr auch Michelotti – der den BMW 700 entworfen hatte – den letzten Schliff angedeihen ließ.

Ebenso wie das Styling war auch das Fahrwerk neu, obwohl es an frühere BMW-Traditionen anknüpfte. Die Hinterradaufhängung war eine Weiterentwicklung des Schräglenkers, der im BMW 600 und 700 eingesetzt worden war und an dem BMW – ebenso wie viele andere Automobil-Hersteller, darunter Rolls-Royce, Ford und der alte Rivale Mercedes-Benz – noch lange Zeit festhalten sollte. Bei der Vorderradaufhängung sorgte BMW zunächst für einiges Erstaunen angesichts der Entscheidung für McPherson-Federbeine, die billiger als

***Unten:** Alex von Falkenhausen war ein leidenschaftlicher Rennfahrer am Steuer von Tourenwagen und gelegentlich auch von einsitzigen Rennwagen.*

Rechts: *Die klar geschnittene Michelotti-Linie gehörte zu den Stärken des BMW 700. Das Cabriolet war besonders geschmackvoll.*

Rechts: *Das Coupé des BMW 700 war nicht minder attraktiv.*

Doppelquerlenker waren, aber viele von deren Vorteilen aufwiesen. Vorn war der Wagen mit Scheibenbremsen ausgestattet.

Alex von Falkenhausen und sein Team hatten bereits einige Entwürfe von Vierzylinder-OHC-Motoren von bis zu 1100 ccm als möglichen Ersatz für den Zweizylinder-Boxermotor des BMW 700 gemacht. Mit Blick auf Alfa Romeos robuste und leistungsstarke Vierzylindermotoren mit ihren fünffach gelagerten Kurbelwellen und zwei oben liegenden Nockenwellen schlug von Falkenhausen für den neuen Motor ebenfalls eine fünffach gelagerte Kurbelwelle vor. Außerdem sollten die herkömmlichen, über Stoßstangen gesteuerten hängenden Ventile durch eine oben liegende Nockenwelle sowie über Kipphebel gesteuerte Ventile ersetzt werden. Da dies zu einem großen Motor führte, neigte man den Block um 30° zur Seite, um die Haubenhöhe des Automobils niedrig zu halten. Der Motor war auf Robustheit und Steifigkeit ausgelegt und sollte so einen runden Lauf und Zuverlässigkeit gewährleisten. Bohrung und Hub des neuen Motors betrugen 82 mm x 71 mm und sein Hubraum 1499 ccm, von Falkenhausen hatte aber dafür gesorgt, dass im Motorblock genügend Platz vorhanden war, um Bohrung und Hub nachträglich zu vergrößern. Der Motor brachte es mühelos auf 75 PS, eine spätere Erhöhung des Verdichtungsverhältnisses steigerte diese noch vor Produktionsbeginn auf 80 PS.

Gegenüberliegende Seite: *Obwohl der BMW 1500 schon 1961 vorgestellt wurde, begann die reguläre Produktion erst im Oktober 1962.*

Bei BMW wusste man, dass das neue Automobil über das Schicksal des Unternehmens entscheiden würde. Deshalb hatte man alles unternommen, um den Prototypen des BMW 1500 auf der Frankfurter Automobilausstellung 1961 präsentieren zu können und so Aufträge an Land zu ziehen. Tatsächlich führte das positive Echo von Presse und Öffentlichkeit schon bald zu vielen Kaufverträgen mit erwartungsfreudigen Kunden. Doch wie beim BMW 501 ein Jahrzehnt zuvor sollte es noch ein Jahr dauern, bis die Wagen an die Kunden ausgeliefert werden konnten. Zu jenem Zeitpunkt hatte BMW bereits 20000 Bestellungen vorliegen.

Der BMW 1500 rollte ab Oktober 1962 vom Band. Im selben Jahr wurde die letzte Entwicklung der V8-Modelle in Form des BMW 3200CS Coupés angekündigt. Die Karosserie stammte von Bertone, und das Fahrzeug war mit einer 160-PS-Version des BMW-V8-Motors ausgestattet. Zwar wurden von 1962 bis 1965 – dem Jahr, in dem BMW alle V8-Modelle endgültig aus dem Katalog strich – nur rund 600 Exemplare gebaut, doch beeinflusste der 3200CS das Styling eine weitere Generation von BMW-Coupés in den späten 1960er-Jahren.

Das Ende der Isetta

Am anderen Ende der Produktpalette gab BMW auch die beliebten, aber wenig profitablen Fahrzeuge auf Isetta-Basis auf, um den Weg für die Produktion der „Neuen Klasse“ frei zu machen. Die Fertigung der Isetta endete 1962, nachdem weltweit etwa 161000 Exemplare hergestellt worden waren, während der BMW 700 1965 eingestellt wurde, nachdem fast 190000 Stück vom Band gerollt waren. Danach setzte BMW alle Hoffnungen auf den Erfolg der neuen Reihe, mit der BMW bereits in einem finanziell ruhigeren Fahrwasser navigierte. 1963 konnte das Unternehmen seinen Aktionären nach 20 Jahren Pause erstmals wieder eine bescheidene Dividende zahlen. Die Produktion stieg weiterhin und die Gewinne mit ihr.

Während die Qualität der BMW-Technik in Zeiten, da die Fahrzeuge oft nicht zum Markt passten, nie in Zweifel gezogen worden war, schien nun, da man in München die richtigen Automobile baute, die technische Überlegenheit der Firma ins Wanken zu geraten. Der über-

BMW 1500

Fertigung: 1962–1964
Motor: 4-Zylinder (Reihe), 1 oben liegende Nockenwelle, 8 Ventile, Leichtmetall-Zylinderköpfe
Bohrung x Hub: 82 mm x 71 mm
Hubraum: 1499 ccm
Leistung: 80 PS bei 5700 1/min
Drehmoment: 120 Nm bei 3000 1/min
Vergaser: 1 Fallstromvergaser Solex 30-40 PDSi
Getriebe: 4-Gang, manuell, Einscheibentrockenkupplung
Chassis: Selbsttragende Ganzstahlkarosserie
Aufhängung: Vorn: McPherson-Federbeine; hinten: Schräglenker und Schraubenfedern
Bremsen: Hydraulisch, Scheiben vorn, Trommel hinten
Fahrleistung: max. 150 km/h

***Gegenüberliegende Seite:** Das seltene BMW-Coupé 3200CS war die letzte Entwicklung der V8-Reihe, die 1954 mit dem BMW 502 begonnen hatte.*

stürzt entwickelte BMW 1500 war mit allzu vielen Problemen behaftet: Die Befestigungspunkte für die Schräglenker der Hinterradaufhängung lösten sich bisweilen, die Hinterachse war schadensanfällig, und auch das neue, voll synchronisierte Getriebe machte Probleme. Der BMW 1500 wurde nur bis Ende 1964 gebaut und dann durch den gründlicher entwickelten BMW 1600 mit einer auf 1573 ccm aufgebohrten Version desselben Motors ersetzt.

Zu diesem Zeitpunkt hatte man den ursprünglichen „Neue-Klasse"-Limousinen bereits ein leistungsstärkeres Modell zur Seite gestellt – den äußerlich nur durch einen durchgehenden Chromstreifen von seinen Schwestermodellen unterschiedenen BMW 1800. Der 90-PS-

***Rechts:** Das italienische Styling des Hauses Bertone prägte den BMW 3200CS und sollte auch spätere Coupés beeinflussen.*

***Unten rechts:** Ein Cabriolet des BMW 3200CS wurde für Dr. Herbert Quandt gebaut.*

***Unten:** Automobile mit V8-Motor wurden bis 1965 hergestellt.*

Motor mit 1773 ccm hatte mit 84 mm dieselbe Bohrung wie der BMW 1600, aber mit 80 mm einen längeren Hub, und durch die zusätzliche Leistung erreichte das Fahrzeug eine Höchstgeschwindigkeit von 162 km/h. Kurz darauf kam eine noch schnellere Version dazu, der 175 km/h schnelle 1800TI (Touring International). Der Motor des TI war mit zwei Solex-Doppel-Flachstromvergasern ausgestattet und entwickelte 110 PS. Mit dieser Ausstattung beschleunigte das Fahrzeug in elf Sekunden von 0 auf 100 km/h und lieferte so die Leistung eines Sportwagens in einer bequemen Limousine. In einer durch Alex von Falkenhausen modifizierten Rennversion erbrachte das Modell sogar 160 PS. Die Rennsaison 1964 brachte dem BMW 1800TI den Sieg in der 2-Liter-Klasse und den siebten Platz in der Gesamtwertung beim Großen Preis der Tourenwagen, dem ACS-Sechstundenrennen auf dem Nürburgring (mit den Piloten Hubert Hahne und Anton Fischhaber). Im Monat darauf errangen Hahne und Heinrich Eppelein beim Internationalen Zwölfstundenrennen an gleicher Stelle den Sieg in der 2-Liter-Klasse und den Gesamtsieg. Es folgte ein noch längeres Rennen, nämlich die 24 Stunden von Spa, an denen zwei Fahrzeuge des Typs BMW 1800TI teilnahmen – Eppelein mit Partner Walter Schneider und Hahne mit Rauno Aaltonen. Trotz eines Stopps, bei dem die Radlager ausgetauscht werden mussten, fuhr das Team Hahne/Aaltonen auf den zweiten Platz im Gesamtklassement hinter dem Mercedes-Benz 300SE von Robert Crevits und Gustave Gosselin. Es folgten weitere Siege bei Rennen um den Großen Preis der Tourenwagen. Hahne siegte in Zandvoort und dann beim Großen Preis von Budapest, um das Jahr schließlich als Deutscher Rundstreckenmeister zu beenden.

Der Lotus-Cortina hatte in die Tourenwagenwettbewerbe eine neues Verfahren eingeführt: Man konstruierte eine Spezialversion einer Serienlimousine, die in gerade ausreichender Zahl gebaut wurde, um sie für eine Serienrennproduktion zu qualifizieren, aber ansonsten schon im Hinblick auf den Renneinsatz entworfen worden war. Diese später üblich

BMW 3200CS

Fertigung:	1962–1965
Motor:	Leichtmetallblock, V8 (90°-V-Form), 16 hängende Ventile
Bohrung x Hub:	82 mm x 75 mm
Hubraum:	3168 ccm
Leistung:	160 PS bei 5600 1/min
Drehmoment:	245 Nm bei 3600 1/min
Vergaser:	2 Doppel-Fallstrom-vergaser Zenith 32 NDIX
Getriebe:	4-Gang, manuell, Ein-scheibentrockenkupplung
Chassis:	Kastenrahmen mit Rohrquerträgern, Stahlblech-Karosserie
Aufhängung:	Vorn: Doppel-Querlenker und Drehstäbe; hinten: Starrachse und Drehstäbe
Bremsen:	Hydraulisch, Scheiben vorn, Trommel hinten
Fahrleistung:	max. 200 km/h; von 0 auf 100 km/h: 14 Sekunden

Oben: Manche Limousinen der „Neuen Klasse" treten heute noch bei Rennen an.

Rechts: Hubert Hahne in einem Rennfahrzeug vom Typ 1800TI. Er wurde 1964 deutscher Rundstreckenmeister der Tourenwagen.

BMW 1800TI

Fertigung:	1964–1966
Motor:	4-Zylinder (Reihe), um 30° nach rechts geneigt, 1 oben liegende Nockenwelle, 8 Ventile, Leichtmetall-Zylinderköpfe
Bohrung x Hub:	84 mm x 80 mm
Hubraum:	1773 ccm
Leistung:	110 PS bei 5800 1/min
Drehmoment:	151 Nm bei 4000 1/min
Vergaser:	2 Doppel-Flachstrom-vergaser Solex 40 PHH
Getriebe:	4-Gang, manuell, Ein-scheibentrockenkupplung
Chassis:	Selbsttragende Ganzstahlkarosserie
Aufhängung:	Vorn: McPherson-Feder-beine; hinten: Schräglenker und Schraubenfedern
Bremsen:	Hydraulisch, Scheiben vorn, Trommel hinten
Fahrleistung:	max. 175 km/h; von 0 auf 100 km/h: 11 Sekunden

gewordene Methode bildete in den frühen 1960er-Jahren eine absolute Neuheit. Von Lotus aus der Ford-Cortina-Familienlimousine entwickelt, teilte der Lotus-Cortina seinen handgefertigten Motor mit oben liegender Nockenwelle mit dem Lotus-Elan-Sportwagen und profitierte von der von Lotus-Boss Colin Chapman entworfenen genialen Aufhängung. 1964 setzte sich der Lotus-Cortina bei den Rennen um den Großen Preis der Tourenwagen von 1965 durch, bei denen John Whitmores (von Alan Mann präparierter) Wagen bis auf eines alle Rennen gewann. Auch BMW hatte inzwischen eine Spezialversion geschaffen, den 1800TI/SA (wobei SA für Sportausführung stand). Zu dieser Spezialausführung gehörte ein getunter Motor mit großen Weber-Vergasern anstelle der Solex-Vergaser des TI-Modells, mit denen die Straßenversion des 1800TI/SA auf über 150 PS kam und die Rennversion sogar auf über 165 PS. Das Fahrzeug war mit einem Getrag-Fünfganggetriebe, extrabreiten Reifen und einem Überrollbügel ausgestattet. Trotzdem war es um 20 kg leichter als der 1800TI. Die Wettbewerbsfahrzeuge hatten sogar ein noch geringeres Gewicht. Aber selbst das reichte gegen die Lotus-Cortinas nicht aus. Zwar konnte BMW einen Sieg bei den 24 Stunden von Spa einfahren – doch hatten die Lotus-Cortinas hier gar nicht teilgenommen.

Neues Coupé

Im Sommer 1965 erschien ein neues BMW-Modell. Es besaß einen 1990-ccm-Motor; sein Hub entsprach mit 80 mm dem des 1800er-Motors, der aber auf 89 mm aufgebohrt worden war. Anstatt den vergrößerten Motor in eine Limousinenkarosserie einzubauen, entschied man sich für ein neues Coupé, das Elemente der Bertone-Karosserie des erst kurz zuvor aus der Produktion genommenen BMW 3200CS mit solchen der von Michelotti beeinflussten Limousinen der „Neuen Klasse" kombinierte. Die imposante Front mit den vier Scheinwerfern erschien geordneter als die gekünstelte Nase der Bertone-Karosserie. Die Karosserien für das Coupé wurden bei Karmann gebaut, der sich einen Namen mit dem Käfer-Cabrio und dem vom Käfer abgeleiteten Karmann Ghia Sportcoupé gemacht hatte. Das neue Fahrzeug war in zwei Formen erhältlich, als 2000C (für Coupé) mit einem 100-PS-Motor mit einem Vergaser oder als 2000CS (für Coupé Sport) mit zwei Solex-Vergasern und 120 PS.

Der 2-Liter-Motor in der Version mit einem oder zwei Vergasern wurde im Januar 1966 auch in die Limousine eingebaut, die als BMW 2000 und BMW 2000TI auf den Markt kam. In einem Test mit der Überschrift „Hier stimmt alles" wies das britische „Motor Magazine" darauf hin, dass der BMW 2000TI jetzt ökonomischer sei als der BMW 1800, während er eine bessere Beschleunigung habe als Konkurrenten wie die Giulia TI von Alfa Romeo. Außerdem sei der Wagen sprintstärker als so sportliche Fahrzeuge wie der TR 4A von Triumph und der

BMW 2000CS

Fertigung:	1965–1969
Motor:	4-Zylinder (Reihe), um 30° nach rechts geneigt, 1 oben liegende Nockenwelle, 8 Ventile, Leichtmetall-Zylinderköpfe
Bohrung x Hub:	89 mm x 80 mm
Hubraum:	1990 ccm
Leistung:	120 PS bei 5500 1/min
Drehmoment:	170 Nm bei 3600 1/min
Vergaser:	2 Doppel-Flachstrom-vergaser Solex 40 PHH
Getriebe:	4-Gang, manuell, Ein-scheibentrockenkupplung
Chassis:	Selbsttragende Ganzstahlkarosserie
Aufhängung:	Vorn: McPherson-Federbeine; hinten: Schräglenker und Schraubenfedern
Bremsen:	Hydraulisch, Scheiben vorn, Trommel hinten
Fahrleistung:	max. 185 km/h; von 0 auf 100 km/h: 11 Sekunden

***Oben links:** Der BMW 1600-2 war der erste Zweitürer auf Basis der „Neuen Klasse".*

***Links:** 1966 folgten in der Modellreihe der „Neuen Klasse" der BMW 2000 und der BMW 2000TI mit 2-Liter-Motor.*

BMW
OS-MR 89

Gegenüberliegende Seite: *Die Stuttgarter Karosseriefirma Baur stellte Ende der 1960er-Jahre 02er-Cabrios in vergleichsweise kleiner Stückzahl her.*

Links: *Der BMW 2000 Touring: eine exklusive Kombilimousine mit praktischer Heckklappe.*

Mercedes-Benz 230SL. Ab Juli wurde der TI zu BMWs bestem Wettbewerbsfahrzeug und half Hahne dabei, 1965 trotz der Konkurrenz der GTA-Alfas in der 1,6-Liter-Klasse Gesamtsieger beim AvD-Rennen um die Nürburgring-Trophäe für Tourenwagen von 1965 zu werden. Neun Alfas traten bei den 24 Stunden von Spa desselben Jahres an; dennoch siegte BMW wie schon im Vorjahr mit einer Durchschnittsgeschwindigkeit von fast 170 km/h.

Auf dem Genfer Salon im März 1966 präsentierte BMW als Ergänzung zu den viertürigen Limousinen der „Neuen Klasse" und den Coupés 2000C/CS ein neues Modell: den BMW 1600-2. Die Bezeichnung 1600 verwies darauf, dass der Wagen mit dem 1573-ccm-Motor der BMW-1600-Limousine ausgestattet war, deren Produktionsende kurz bervorstand, die Angabe „-2" zeigte an, dass das Fahrzeug zwei Türen hatte. Die kürzere zweitürige Karosserie war rund 130 kg leichter als die viertürige, und der kürzere Radstand verlieh dem BMW 1600-2 ein besseres Handling in Kurven. Zudem wurde er zu einem vergleichsweise günstigeren Preis angeboten. Damit sprach das Unternehmen neue Käuferschichten an und stellte dem beliebten zweitürigen Viersitzercoupé von Alfa Romeo ein vergleichbares Produkt entgegen. Mit der Einführung des BMW 1600TI mit zwei Doppelvergasern setzte BMW im Jahr darauf den Konkurrenzkampf mit den Mailändern fort.

Apfelbeck und die Formel 2

Obwohl die leichteren zweitürigen Fahrzeuge für Tourenwagenrennen wie geschaffen schienen, nahm BMW 1967 an keinem internationalen Rennen dieser Art teil. Stattdessen konzentrierte man sich auf den Bau von Motoren für einsitzige Formelwagen unter Verwendung des Vierzylinder-Serienmotors, der mit einem neuen Zylinderkopf mit vier Ventilen pro Zylinder ausgerüstet wurde. Ludwig Apfelbeck, der zuvor an Vierventilzylinderköpfen für KTM-Motorräder gearbeitet hatte, entwickelte einen 500-ccm-Einzylinder-Testmotor, der 54 PS erbrachte und das Potenzial der von Apfelbeck bevorzugten neuen Ventilkonstruktion unter Beweis stellte. Bei herkömmlichen Mehrventilmotoren waren die Ventile paarweise zu beiden Seiten eines abgeschlossenen Verbrennungsraumes angeordnet, bei dem sich die Einlassventile auf der einen und die Auslassventile auf der anderen Seite befanden. Dies hielt die Installationen übersichtlich, mit Auspuffkrümmer und Auspuffrohr auf der einen Motorseite und Vergaser oder Einspritzpumpe auf der anderen. Bei Apfelbecks Konstruktion waren alle

BMW 1600-2

Fertigung:	1966–1971 (1971–1975 als BMW 1602)
Motor:	4-Zylinder (Reihe), um 30° nach rechts geneigt, 1 oben liegende Nockenwelle, 8 Ventile, Leichtmetall-Zylinderköpfe
Bohrung x Hub:	84 mm x 71 mm
Hubraum:	1573 ccm
Leistung:	85 PS bei 5700 1/min
Drehmoment:	126 Nm bei 3000 1/min
Vergaser:	1 Fallstromvergaser Solex 38 PDSI
Getriebe:	4-Gang, manuell, Einscheibentrockenkupplung
Chassis:	Selbsttragende Ganzstahlkarosserie
Aufhängung:	Vorderrad: McPherson-Federbeine; Hinterrad: Schräglenker und Schraubenfedern
Bremsen:	Hydraulisch, Scheiben vorn, Trommel hinten
Fahrleistung:	max. 162 km/h; von 0 auf 100 km/h: 13,5 Sekunden

vier Ventile paarweise gegenüberliegend direkt nach außen gerichtet. Wenn man sich jeden Zylinder als Uhr vorstellt, bei der sich die 12 an der Fahrzeugfront befindet, so standen die Einlassventile beim Zylinderkopf des Apfelbeck-Motors bei ein Uhr und sieben Uhr, die Auslassventile bei vier und zehn Uhr. Zu den Vorteilen zählte, dass ein potenziell effizienterer hemisphärischer Verbrennungsraum eingesetzt werden konnte. Nachdem man die Apfelbeck-Konstruktion für einen 2-Liter-Vierzylinder-Reihenmotor übernommen hatte, gab es acht vertikale Einlassöffnungen, eine jede mit eigenem Vergaser, sowie acht Auspuffleitungen. Der Motor wurde dadurch sehr groß und schwer. Hahne und von Falkenhausen installierten den neuen Motor in ein Formel-1-Brabham-Chassis. Hahne debütierte auf dem Fahrzeug 1966 mit dem Sieg bei einem Bergrennen in Österreich. Im selben Jahr in Hockenheim lief der Wagen mit Nitromethan-Renntreibstoff. Der Wagen stellte einige Rekorde bei stehendem Start auf; doch die Fahrer fürchteten sich vor all diesen zischenden Vergasern: Denn Nitromethan ist hochexplosiv.

__Oben:__ Eine spannende Technik hatte der Brabham mit Apfelbeck-Motor, der 1966 am Hockenheimring startete. Der mit Nitromethan angetriebene Motor entwickelte 330 PS.

Der bahnbrechende Motor entwickelte rund 330 PS, und selbst mit normalem Kraftstoff brachte es Apfelbecks 2-Liter-Motor noch auf 260 PS. Für 1967 produzierte BMW eine Formel-2-Version mit einem 1,6-Liter-Serienmotor. In dieser Form brachte der Motor immer noch 225 PS – das war etwas mehr als sein Konkurrent, der Cosworth-FVA-Motor auf Fordbasis. Vier mit BMW-Motoren ausgerüstete Lola wurden bereitgestellt: Zwei wurden von John Surtees in England gefahren, die anderen beiden von Fahrern wie Surtees, Hahne, Jo Siffert, Chris Irwin und Andrea de Adamich. Das Problem des Apfelbeck-Motors war die Zuverlässigkeit, da seine komplizierte Ventilsteuerung bei den in Rennen üblichen Drehzahlen von 10000 1/min oder mehr nicht lange überleben konnte.

Inzwischen hatte BMW die Modellreihe seiner Straßenfahrzeuge beträchtlich erweitert und produzierte mehr Automobile als je zuvor – 1965 rollten in München fast 60000 Stück vom Band. Man benötigte weitere größere Produktionsflächen, und um mehr Platz für die Automobilfertigung zu schaffen, verlagerte man die Motorradherstellung zunehmend nach Berlin. 1966 übernahm BMW die in Schwierigkeiten geratene Hans Glas GmbH in Dingolfing – Ironie des Schicksals, denn in BMWs düsteren Tagen in den 1950er-Jahren hatte man bei Glas angefragt, ob er nicht das Münchener Unternehmen übernehmen könne.

Die Hans Glas GmbH war ein Familienunternehmen, das mit dem Bau von Landmaschinen begonnen hatte und ab 1951 den Goggo-Motorroller herstellte. Populär wurde der Name Glas jedoch durch das zwischen 1955 und 1966 produzierte Goggomobil. Auch Mittelklasse-

***Links:** Der Glas 1700GT wurde nach der Übernahme durch das Münchener Unternehmen mit einem BMW-Motor und einem etwas unglücklichen BMW-„Nierengrill" bestückt.*

Limousinen und teure Coupés wurden in Dingolfing gebaut, nicht zuletzt der ansprechende Glas 3000V8, der aufgrund seiner Karosserie im Maserati-Stil den Beinamen „Glaserati" trug. BMW gestaltete die Glas-Automobile mit BMW-Technik um. Das Goggomobil, das kleinere der Glas-Coupés – der Glas 1700 – und das große V8-Coupé, der Glas 3000V8, wurden noch eine Zeit lang weitergebaut. Obwohl BMW ehrgeizige Pläne für die Produktionsstätten von Glas in Dingolfing hatte, sollte zunächst die immer vielfältigere Modellpalette der BMW-Automobile noch weiter ergänzt werden.

Die Qualität des Ausstattungkomforts der BMW-Automobile steigerte sich, wobei ab 1966 eine ZF-Automatik mit Dreigangplanetengetriebe eine beliebte Option war. 1968 brachte BMW die BMW-2000TI-Limousine mit einem aufwändigeren Interieur als BMW 2000tilux heraus. Obwohl die Vierzylindermotoren sehr gute Arbeit geleistet hatten und man sogar schnellere Versionen der „Neuen-Klasse"-Limousinen damit ausgerüstet hatte, drängte es BMW zu noch edleren Fahrzeugen mit noch mehr Leistung und somit zurück zu Motoren mit einer höheren Zylinderzahl. Im September 1968 erschienen neue Sechszylindermotoren, die eng mit den bereits vorhandenen Vierzylinder-Reihenmotoren verwandt waren. Es gab eine Version mit 2,5 Litern und 150 PS und eine mit 2,8 Litern und 170 PS. Von Anfang an waren die neuen Sechszylinder in zwei Modellformen erhältlich – als revidierte Version des 2000CS Coupés oder als nagelneue große Limousine.

***Oben:** BMW produzierte das Glas-3000V8-Coupé noch eine Zeit lang weiter.*

Oben: *Die 1968 auf den Markt gebrachten Sechszylindermotoren wurden in ein neues Coupé eingebaut, das auf dem BMW 2000CS basierte. Hier das Spitzenmodell der Reihe – der BMW 2800CS.*

Mit den neuen Limousinen, die je nach Größe des Motors als BMW 2500 oder BMW 2800 bezeichnet wurden, eroberte sich BMW einen Markt zurück, den man 1964 mit dem Ende der „barocken" V8-Limousinen aufgegeben hatte, und nahm zudem wieder den Konkurrenzkampf gegen den alten Rivalen Mercedes-Benz auf. In vielerlei Hinsicht waren die neuen BMW-Fahrzeuge nichts anderes als eine größere Ausgabe der „Neuen Klasse"; sie hatten eine ähnlich flotte Karosserieform, verwandte Motoren und eine ähnliche Aufhängung – auch hier gab es McPherson-Federbeine vorn und Schräglenker, das BMW-Markenzeichen, hinten. Dagegen waren die etwas schwereren Viertürer vorn und hinten mit Scheibenbremsen ausgerüstet, während der BMW 2800CS diese lediglich vorn, hinten aber Trommelbremsen besaß.

Oben: Die großen E3-Limousinen waren mit den neuen 2,5- und 2,8-Liter-Sechszylindermotoren erhältlich – eine weitere Herausforderung an die Adresse von Mercedes-Benz.

Links: Die schnellen Sechszylinder waren prädestiniert für Rundstreckenrennen, nahmen aber auch an Rallyes teil, etwa in Monte Carlo, wie der abgebildete BMW 2800.

Im selben Jahr 1968 fügte BMW dem „Neue-Klasse"-Thema eine weitere Variation zu. Zum eigenen Gebrauch hatte Alex von Falkenhausen einen BMW 1600-2 mit einem 2-Liter-Motor ausgerüstet, und genau dasselbe hatte – unabhängig davon – auch BMW-Direktor Helmut Werner Bönsch getan. Die beiden kamen überein, dass ein 2-Liter-Zweitürer durchaus Verkaufschancen haben könnte, und überzeugten den Aufsichtsrat, ein solches Fahrzeug unter der Bezeichnung BMW 2002 herauszubringen. Es lieferte die Fahrleistungen des BMW 1600TI mit einer beträchtlich höheren Elastizität dank des höheren Drehmoments bei niedrigen Drehzahlen. Mit dem BMW 2002 präsentierte BMW auch eine leistungsstarke Limousine für den amerikanischen Markt, der den BMW 1600TI abgelehnt hatte, weil der Motor mit zwei Doppelvergasern nicht den Anforderungen der strengeren US-Abgasnormen entsprach. Dasselbe Problem führte dazu, dass amerikanische BMW-Fans nicht die Möglichkeit hatten, den ebenfalls mit zwei Solex-Doppel-Flachstromvergasern ausgerüsteten BMW 2002ti zu erwerben, der dank seines 120-PS-Motors eine noch größere Leistung brachte.

Der BMW 2002ti auf der Rennstrecke

Der BMW 2002ti war ein offensichtlicher Kandidat für Tourenwagenrennen, und ein BMW-Werksteam wurde bald in Position gebracht. Bei der neuesten Version des Formel-2-Motors hatte man Apfelbecks Spezialkopf zu einer neuen „diametralen" Konstruktion weiterentwickelt. Nun waren die vier Ventile in jedem Zylinder paarweise auf jeder Seite des Verbrennungsraumes angeordnet, wobei die Ventilführung eines jeden Paares parallel verlief (wie in herkömmlicheren Vierventilkonstruktionen), dennoch war an jeder Seite ein Einlass- und ein Auslassventil vorhanden. Die Einlassventile standen in der Zehnuhr- und Vieruhrposition, die Auslassventile in der Zweiuhr- und Achtuhrposition. Da die Ventile in geraden Reihen

BMW 2800

Fertigung:	1968–1976
Motor:	6-Zylinder (Reihe), um 30° nach rechts geneigt, 1 oben liegende Nockenwelle, 12 Ventile, Leichtmetall-Zylinderköpfe
Bohrung x Hub:	86 mm x 80 mm
Hubraum:	2788 ccm
Leistung:	170 PS bei 6000 1/min
Drehmoment:	240 Nm bei 3700 1/min
Vergaser:	1 Fallstrom-Registervergaser Zenith 35/40 INAT
Getriebe:	4-Gang, manuell, Einscheibentrockenkupplung
Chassis:	Selbsttragende Ganzstahlkarosserie
Aufhängung:	Vorn: McPherson-Federbeine; hinten: Schräglenker und Schraubenfedern
Bremsen:	Hydraulisch, Scheiben vorn und hinten
Fahrleistung:	max. 200 km/h; von 0 auf 100 km/h: 10 Sekunden

BMW 2002tii

Fertigung:	1971–1975
Motor:	4-Zylinder (Reihe), um 30° nach rechts geneigt, 1 oben liegende Nockenwelle, 8 Ventile, Leichtmetall-Zylinderköpfe
Bohrung x Hub:	89 mm x 80 mm
Hubraum:	1990 ccm
Leistung:	130 PS bei 5800 1/min
Drehmoment:	181 Nm bei 4500 1/min
Gemisch-aufbereitung:	Kugelfischer-Einspritz-pumpe PL04
Getriebe:	4-Gang, manuell, Ein-scheibentrockenkupplung
Chassis:	Selbsttragende Ganzstahlkarosserie
Aufhängung:	Vorn: McPherson-Federbeine; hinten: Schräglenker und Schraubenfedern
Bremsen:	Hydraulisch, Scheiben vorn, Trommel hinten
Fahrleistung:	max. 190 km/h; von 0 auf 100 km/h: 10 Sekunden

entlang jeder Motorseite positioniert waren, war die Ventilsteuerung viel einfacher und daher – so hoffte man – auch zuverlässiger. Die Installation blieb allerdings höchst komplex und ließ weiter zu wünschen übrig. Die Diametralkonstruktion erforderte nicht weniger als drei Zündkerzen pro Zylinder. Die Höchstleistung war etwas niedriger als die des Apfelbeck-Motors, übertraf aber geringfügig die 215 PS des Cosworth-FVA-Formel-2-Wagens. Dennoch verbuchte der BMW-Lola keine größeren Erfolge, als dass er immer ins Ziel kam.

Schicksalhafte Formel 2

Dies änderte sich zu Beginn des Jahres 1969, als Hahne in Hockenheim nur 0,6 Sekunden hinter dem Matra-Cosworth von Jean-Pierre Beltoise ins Ziel kam. Später in der Saison wurden die F-2-Lola durch ein neues Fahrzeug, den BMW 269, ersetzt. Dieser war von dem englischen Ingenieur Len Terry entworfen und vom Flugzeughersteller Dornier gebaut worden. Hahne wurde Zweiter bei der F-2-Europameisterschaft, aber es war dennoch eine sehr unglückliche Saison für das F-2-Team von BMW: Hahne brach sich bei einem Trainingsunfall den Fuß, und im Sommer verunglückte der ehemalige Bergmeister Gerhard Mitter am Nürburgring beim Training zum Großen Preis tödlich. Dieses Ereignis führte über ein Jahr später zum Ende des BMW-Rennsportengagements mit Einsitzern. Zu diesem Zeitpunkt hatte man die Experimente mit ungewöhnlichen Ventilanordnungen aufgegeben. Der F-2-Motor besaß nun eine konventionellere parallele Ventilanordnung und paarweise angeordnete Einlass- und Auslassventile. Auch nachdem sich das Werk aus der Formel 2 zurückgezogen hatte, setzten Konstrukteure wie von Falkenhausen und Paul Rosche in einer kleinen privaten Werkstatt die Arbeit auf diesem Gebiet fort. Sie rüsteten einen March mit BMW-Motor aus und schickten ihn mit dem Piloten Dieter Quester nicht ohne Erfolg auf die F-2-Rennstrecke.

Der BMW 2002ti debütierte 1968 im Motorsport, wobei die ersten Wettbewerbsversionen mit 200-PS-Vergasermotoren ausgerüstet waren. Schon bald stattete man die Rennlimousinen

Oben: *Für Rallyes war der BMW 2002 mit zusätzlichen Scheinwerfern vor dem Kühlergrill ausgestattet.*

Rechts: *Achim Warmbold und Jean Todt gewannen 1973 die Österreichische Alpenfahrt, wurden jedoch disqualifiziert. Warmbold war der letzte BMW-Werksrallyepilot.*

Oben: *Der BMW 2002 Turbo begeisterte die Fans, stieß jedoch aufgrund der Spiegelschrift am Frontspoiler auf Kritik, sodass man die Schrift schließlich entfernte.*

Oben links: *1968, als der BMW 2002 erschien, wurde dieses Modell sofort zu einem Liebling der Fans.*

Oben: *Der Turbomotor des BMW 2002 bedeutete eine erhebliche Leistungssteigerung im Vergleich zum 2002tii – aber das hatte auch seinen Preis, und das nicht nur finanziell, denn der Wagen war nicht leicht zu fahren.*

Links: *Der BMW 2002 Turbo sollte die Modellreihe neu beleben. Der Zeitpunkt war 1973 wegen der Ölkrise dafür leider sehr ungünstig.*

Variationen über ein Thema: 02 Touring, Cabriolet und Targa

DIE ZWEITÜRIGEN Fahrzeuge der 02-Modellreihe waren während ihrer Produktionszeit nicht nur als geschlossene Limousinen erhältlich, sondern auch in drei anderen Formen. Die erste stammte aus dem Jahr 1968 und von der Stuttgarter Karosseriefirma Baur. Es handelte sich um eine Cabriolet-Version, die es mit 1,6- oder 2,0-Liter-Motor gab. Nichts ragte über die Gürtellinie, mit Ausnahme der Windschutzscheibe und ihres Rahmens, was dem Fahrzeug ein besonders elegantes Aussehen verlieh. In den 1970er-Jahren stand die Frage der Sicherheit für die Fahrzeuginsassen bereits mehr im Vordergrund. Baur ersetzte deshalb das reine Cabriolet durch den BMW 2002 Targa, der einen festen Überrollbügel hinter den Köpfen der Frontinsassen aufwies. Ein Dachteil konnte abgenommen werden, und hinten befand sich ein Stoffverdeck, sodass das Cabriolet in verschiedenen Varianten offen gefahren werden konnte.

In geringen Stückzahlen gab es die zweitürige BMW-2000-Touring-Kombilimousine mit großer Heckklappe, die 1971 in der 02-Modellreihe erschien. Die Motorisierung ging bis zum 2002tii. Leider war der Touring seiner Zeit voraus, und die Käufer wussten nicht genau, was sie damit anfangen sollten. Deshalb blieben die Verkaufszahlen niedrig.

Rechts: Die zweitürige Limousine der 02-Modellreihe war die erste und häufigste Variante in einer Familie kleiner BMWs.

Unten: Von Baur stammten zwei Cariolet-versionen. Die zweite besaß einen festen Überrollbügel für größere Sicherheit.

Links: *Die lange und erfolgreiche Wettbewerbskarriere des BMW 2002 reichte weit bis in die 1970er-Jahre.*

jedoch mit Kugelfischer-Einspritzanlagen im Stil der Formel 2 aus, mit denen sich der Tourenwagen als weitaus erfolgreicher erwies als die Formel-2-Modelle. Obwohl auch der Porsche 911 in der Kategorie „Limousinen" mitfuhr, gewann BMW 1968 den Konstrukteurspreis bei der Tourenwagen-Europameisterschaft und Pilot Dieter Quester den Fahrertitel. Um den Vorsprung vor den stärker werdenden Porsches, den Ford Escorts mit Doppelnockenwellenmotor und den Alfas GTA zu halten, setzten von Falkenhausen und sein Team für 1969 auf den Turbolader, um noch mehr Power aus dem 2-Liter-Motor des BMW 2002 holen.

Der BMW 2002 mit Abgasturbolader

Die Leistung, die ein Motor erzeugt, ist durch die Luftmenge begrenzt, die er während des Ansaugtakts aufnehmen kann. Man kann also die Motorleistung verbessern, wenn man Luft unter Druck in den Motor pumpt. Hierfür verwendet man einen Lader – eine Luftpumpe, die von der Kurbelwelle direkt, über Riemen oder durch ein Getriebe betätigt wird. Beim Abgasturbolader erhält ein Radialverdichter Energie von einem Turbinenrad, das von den Abgasen des Motors angetrieben wird. Mit steigenden Motordrehzahlen beschleunigt sich der Verdichtungsvorgang, und man spricht vom Aufladen des Motors.

Die Idee hatte sich schon seit den 1920er-Jahren bei Dieselmotoren im Schiff- und Flugzeugbau durchgesetzt. Die Verwendung des Turboladers bei PKW war bis dahin aber selten, nur Chevrolet und Oldsmobile hatten sich in den frühen 1960er-Jahren näher damit befasst. BMW drang also mit dem Bau des BMW 2002 mit Abgasturbolader, der unter der Bezeichnung BMW 2002tik (k für Kompressor) herauskam, in einen relativ neuen Bereich vor. Der mit einem Turbo von Kühnle, Köpp und Kausch (KKK) ausgestattete Rennmotor entwickelte bis zu 290 PS und erlaubte eine Höchstgeschwindigkeit von bis zu 250 km/h.

BMW 3,0S

Fertigung:	1971–1977
Motor:	6-Zylinder (Reihe), um 30° nach rechts geneigt, 1 oben liegende Nockenwelle, 12 Ventile, Leichtmetall-Zylinderköpfe
Bohrung x Hub:	89 mm x 80 mm
Hubraum:	2985 ccm
Leistung:	180 PS bei 6000 1/min
Drehmoment:	260 Nm bei 3700 1/min
Vergaser:	2 Fallstrom-Registervergaser Zenith 35/40 INAT
Getriebe:	4-Gang, manuell, Einscheibentrockenkupplung
Chassis:	Selbsttragende Ganzstahlkarosserie
Aufhängung:	Vorn: McPherson-Federbeine; hinten: Schräglenker und Schraubenfedern
Bremsen:	Hydraulisch, Scheiben vorn und hinten
Fahrleistung:	max. 205 km/h; von 0 auf 100 km/h: 9 Sekunden

BMW 3,0CSi

Fertigung:	1971–1975
Motor:	6-Zylinder (Reihe), um 30° nach rechts geneigt, 1 oben liegende Nockenwelle, zwölf Ventile, Leichtmetall-Zylinderköpfe
Bohrung x Hub:	89 mm x 80 mm
Hubraum:	2985 ccm
Leistung:	200 PS bei 5500 1/min
Drehmoment:	277 Nm bei 4300 1/min
Gemischaufbereitung:	Elektronische Bosch-Benzineinspritzung
Getriebe:	4-Gang, manuell, Einscheibentrockenkupplung
Chassis:	Selbsttragende Ganzstahlkarosserie
Aufhängung:	Vorn: McPherson-Federbeine; hinten: Schräglenker und Schraubenfedern
Bremsen:	Hydraulisch, Scheiben vorn und hinten
Fahrleistung:	max. 220 km/h; von 0 auf 100 km/h: 8 Sekunden

Das Einspritzsystem, das bei den Wettbewerbsfahrzeugen vom Typ BMW 2002 eingesetzt wurde, hielt 1971 mit dem BMW 2000tii, den es ohne Einspritzer bereits seit 1969 gab, auch Einzug bei den Serienfahrzeugen. Das Fahrzeug brachte im Vergleich zum BMW 2000ti mit dem Motor mit zwei Doppelvergasern 10 PS mehr, hatte dafür aber eine merkwürdige zyklische Schwankung im Leerlauf – zumindest bei den ersten ausgelieferten Fahrzeugen – und einen hohen Preis. Mit über 14000 DM war der BMW 2000tii um einiges teurer als der „normale" BMW 2000, der 1969 für 12680 DM zu haben war.

Wie wir bereits gehört haben, war Burkhard Bovensiepen einer von zahlreichen Enthusiasten, die mit dem kleinen BMW 700 in den frühen 1960-Jahren bei Wettbewerben gestartet waren. Inzwischen hatte Bovensiepen die Firma Alpina gegründet, die sich mit dem Tuning von BMW-Automobilen für die Rennstrecke beschäftigte. Ab 1970 vertrat Alpina BMW bei Tourenwagenrennen mit leistungsgesteigerten 2002-Motoren mit herkömmlicher Ansaugung. Regeländerungen ließen schnellere Fahrzeuge zu den Rennen zu, und man legte nun mehr Wert auf Gesamtsiege als auf Klassenerfolge. Als Ergebnis schickte man neben der erprobten Alpina 2002 das große BMW 2800CS Coupé ins Rennen, da man damit bessere Aussichten auf die angestrebten Gesamtsiege hatte. Das Potenzial des Coupés als Wettbewerbsfahrzeug und seine Effizienz als Straßenfahrzeug wurden im Sommer 1971 durch das Erscheinen eines 3-Liter-Motors verbessert, den man von den 86 mm des 2,8-Liter-Motors auf 89 mm aufgebohrt hatte. Der Motor wurde in einen wenig veränderten 2800CS eingebaut, und es entstand ein Modell, das als BMW 3,0CS oder 3,0CSi bezeichnet wurde. Die Einspritzpumpe stammte von Bosch und nicht mehr von Kugelfischer wie beim 2000tii. Die großen Limousinen, die vom Werk mit dem Code E3 bezeichnet wurden, erhielten ebenfalls neue Motoren, sodass daraus die sportlichen BMW 3,0S und 3,0Si entstanden.

1972 hatte BMW mehr anzukündigen als nur neue Modelle. Während München auf die Olympischen Spiele wartete, baute BMW ein neues Verwaltungshochhaus, den „Vierzylinder" am Münchener Petuelring. Innerhalb des Unternehmens wurde die BMW-Motorsportabteilung zu einer vollwertigen Tochter. Dennoch stand auch eine neue Modellreihe aus. Dafür errichtete BMW in Dingolfing auf dem Gelände der ehemaligen Firma Glas moderne Fabrikhallen, wo die für BMW so typischen Wagen der 1970er-Jahre entstehen sollten.

Rechts: *Der „große Sechszylinder" des BMW 3,0CSi von 1971 war mit einer elektronischen Benzineinspritzung von Bosch ausgerüstet.*

Baureihen-Bezeichnungen

IN DEN 1960er-Jahren begann BMW zur Bezeichnung seiner Fahrzeug- und Motorenprojekte ein neues System aus Buchstaben und Zahlen einzuführen. Fahrzeug-Baureihen wurden mit E (für Entwicklung) und Motoren mit M oder S (einige der neuesten Sportmotoren) spezifiziert. Angesichts mehrerer Generationen von 3er-, 5er- und 7er-Reihen, die im Laufe der Zeit bereits erschienen sind, erweisen sich diese Zahlencodes als immer nützlicher zur genauen Modellbestimmung. Im Anschluss die wichtigsten von ihnen, die werksintern und von BMW-Fans weltweit verwendet werden.

E3 2500-3.3Li Limousine (1968–1977)
E6/E12 1502, 1600, 1602, 1800, 1802, 2000, 2002ti (1967–1977)
E9 2000-2800CS, 3,0CS/CSi/CSL (1965–1975)
E10 '02 Touring (1967–1977)
E12 5er-Reihe, 1. Generation (1972–1981)
E20 2002tii & Turbo (1967–1977)
E21 3er-Reihe, 1. Generation (1975–1983)
E23 7er-Reihe, 1. Generation (1977–1986)
E24 6er-Reihe (Coupé), 1. Generation (1976–1989)
E26 M1 (1978–1981)
E28 5er-Reihe, 2. Generation (1981–1987)
E30 3er-Reihe, 2. Generation, Limousine, Cabriolet, Touring (1982–1994); Z1 Roadster (1988–1991)
E31 8er-Reihe (Coupé) (1990–1999)
E32 7er-Reihe, 2. Generation (1987–1994)
E34 5er-Reihe, 3. Generation, Limousine, Touring und M5 (1988–1996)
E36 3er-Reihe, 3. Generation, Limousine, Coupé, Cabriolet und Touring (1990–1999)
E36/7 Z3 Roadster und Coupé (1995-2002)
E38 7er-Reihe, 3. Generation (1994–2001)
E39 5er-Reihe, 4. Generation, Limousine und Touring (1995–2003)
E46 3er-Reihe, 4. Generation, Limousine, Coupé, Touring und Cabriolet (1998–2004)
E52 Z8 Roadster (1999–2004)
E53 X5 4x4 (ab 2000)
E60 5er-Reihe, 5. Generation, Limousine (ab 2003)
E61 5er-Reihe, 5. Generation, Touring Kombi (ab 2004)
E63 6er-Reihe, 2. Generation, Coupé (ab 2003)
E64 6er-Reihe, 2. Generation, Cabriolet (ab 2004)
E65 7er-Reihe, 4. Generation, Luxuslimousine (ab 2002)
E66 7er-Reihe, 4. Generation, Versionen mit langem Radstand (ab 2003)
E83 X3 4x4 (ab 2002)
E85 Z4 Roadster (ab 2003)
E87 1er-Reihe, Fünftürer (ab 2004)
E90 3er-Reihe, 5. Generation, Kompaktlimousine (2005)
E91 3er-Reihe, 5. Generation, Touring Kombi (voraussichtlich 2006)
E94 4er-Reihe, Coupé und Cabriolet (voraussichtlich 2006)

M10 „Neue Klasse", Vierzylindermotor, 1,5–2,0 Liter
M12 Doppelnockenwellen-Rennversion von M10, 2,0 Liter
M20 3er-Reihe/5er-Reihe, „kleiner Sechszylinder", 2,3–2,5 Liter
M21 524td, Sechszylinder Turbodiesel
M30 „Großer Sechszylinder", 1968–1992, 2,8–3,5 Liter
M40 E36 318, Achtventil-Vierzylinder, 1,8 Liter
M42 E30 318is KAT/E36 318iS, 16-Ventil-Vierzylinder, 1,8 Liter
M43 E36 Achtventil-Vierzylinder, 1,6 Liter
M44 E36 318Si und Z3 16-Ventil-Vierzylinder, 1,9 Liter
M50 3er-Reihe/5er-Reihe, Sechszylinder, 2,5–2,8 Liter
M60 5er-Reihe/7er-Reihe, 32-Ventil V8, 3,0 Liter und 4,0 Liter
M62 5er-Reihe etc. 32-Ventil V8, 4,4 Liter
M70 7er-Reihe, V12, 6,0 Liter
M88 E28 M5, M 635CSi 24-Ventil-Sechszylinder, 3,5 Liter

S14 E30 M3, 16-Ventil-Vierzylinder, 2,3 Liter
S38 E34 M5, 24-Ventil-Sechszylinder, 3,6-3,8 Liter
S50 E36 M3, 24-Ventil-Sechszylinder, 3,0 Liter
S52 E36 M3, 24-Ventil-Sechszylinder, 3,2 Liter
S54 E46 M3/M Roadster und Coupé, 24-Ventil-Sechszylinder, 3,2 Liter
S62 E39 M5 32-Ventil V8, 5,0 Liter

Oben: *Montage der E3-Limousinen 1970 in München. Die große Limousine wird bis zum Beginn der 7er-Reihe 1977 weitergebaut.*

UNSCHLAGBAR BMW 1972–1980

Vorhergehende Seiten: Der BMW 3,0CS im Renntrimm konkurrierte mit den Ford bei der Tourenwagen-Europameisterschaft 1973.

MITHILFE der Unterstützung durch Dr. Herbert Quandt und eindrucksvollen neuen Produkten wie dem BMW 700 war es der Firma nicht nur gelungen, den nahen Bankrott abzuwenden, sondern auch in den 1960er-Jahren zu neuer Stärke zu finden. Zur Vorbereitung auf die Olympischen Spiele von 1972 errichtete die Stadt München das nagelneue Olympisches Dorf auf dem ehemaligen Oberwiesenfeldfluggelände – auf dem BMW noch als Bayerische Flugzeug Werke vor 60 Jahren ihren Ursprung genommen hatte. Und auch BMW beteiligte sich an der regen Bautätigkeit: Das neue Verwaltungshochhaus in Form eines Vierzylinders wurde am Rand des Olympischen Dorfes ganz in der Nähe der ursprünglichen Fabrik hochgezogen. Zudem baute BMW eine neue Werkshalle auf dem Gelände der Dingolfinger Glas-Fabrik, die 1966 übernommen worden war.

Bis dato verfügte BMW über eine üppige Auswahl an attraktiven Qualitätsautomobilen, die es mit der Konkurrenz durchaus aufnehmen konnten. Doch 1972 setzte BMW noch eins drauf und schuf ein neues Fahrzeug, das, wie man hoffte, nicht nur konkurrenzfähig sein würde, sondern neue Maßstäbe setzen und die Einstellung einer ganzen Generation von Käufern ändern sollte. Zudem führte man mit diesem Auto ein neues Bezeichnungssystem ein, das auch noch für viele künftige BMW-Fahrzeuggenerationen galt.

Oben: Das neue BMW-Verwaltungshochhaus im Bau. Der „Vierzylinder" entstand unweit des ehemaligen Fabrikgeländes, auf dem die Firmengeschichte ihren Anfang genommen hatte.

Dieses Automobil war der 5er – der Name rührt, wie manche sagen, daher, dass dies die fünfte unterschiedliche Baureihe seit dem Schicksalsjahr 1959 war. Es handelte sich um eine Mittelklasse-Limousine, die dort anfing, wo die inzwischen alternde „Neue Klasse" aufhörte. Wie diese Viertürer wurde die 5er-Reihe anfangs von einem 2-Liter-Vierzylinder-Motor angetrieben, der aus dem BMW 2000 stammte. Bestückt mit einem Stromberg-Vergaser, leistete die 2-Liter-Maschine im BMW 520 115 PS. Der 5er teilte sein grundlegendes Fahrwerkskonzept mit der „Neuen Klasse", besaß also McPherson-Federbeine vorn und eine Schräglenkerhinterachse, wie es mittlerweile bei BMW üblich war. Auch in dem Design mit klaren Linien und großzügiger Verglasung gab es Ähnlichkeiten, dennoch handelte es sich zweifellos um ein völlig neues Automobil. Seine Länge (es war tatsächlich nur ein bisschen kürzer als der E3 2500/2800) ermöglichte viel mehr Komfort für Fahrer und Passagiere als früher.

Der BMW-Turbo-Prototyp

Auch die Sicherheit wurde verbessert. Ralph Nader hatte mit seinem Buch „Unsafe At Any Speed" in der gesamten westlichen Welt die öffentliche Aufmerksamkeit auf die Automobilsicherheit gelenkt. Darüber hinaus begann man, auch deshalb mehr auf Sicherheit zu achten, weil einige Versicherer als Folge einer Unfallwelle mit schnellen, aber unbeherrschbaren „Muscle Cars" ihre Prämien erhöhten. Darum legten viele Hersteller zu Beginn der 1970er-Jahre viel größeren Wert auf Sicherheit und niedrige Reparaturkosten. 1972 präsentierte BMW die Früchte seiner Sicherheitsforschung mit dem Konzept eines Superautos mit Mittelmotor, das schlicht BMW Turbo genannt wurde. Zum 200 PS starken, turbogeladenen Motor aus dem BMW 2002 und einer Geschwindigkeit von 250 km/h gab es Innovationen wie ein Radar-Abstandswarngerät sowie eine Front- und Heckpartie aus deformierbarem Polyurethanschaum mit integrierten Seitenleuchten, die die herkömmlichen Stoßstangen ersetzten – alles das, was in der Zukunft bei Serienfahrzeugen wiederkehren sollte.

Die BMW-5er-Reihe übernahm das Konzept der „Sicherheitszelle", das von Mercedes-Benz in den 1950er-Jahren entwickelt worden war, und trug zudem der „aktiven Sicherheit" Rechung – also der Fähigkeit, es erst gar nicht zu einem Unfall kommen zu lassen. Straßen-

***Oben:** Beim Entwurf der ersten Generation der 5er-Reihe stand die Sicherheit im Vordergrund.*

***Links:** Der BMW-Turbo-Prototyp von 1972 vor dem „Vierzylinder". In München war man mit Recht stolz auf beides.*

BMW 520

Fertigung:	1972–1981
Motor:	4-Zylinder (Reihe), um 30° nach rechts geneigt, 1 oben liegende Nockenwelle, 8 Ventile, Leichtmetall-Zylinderköpfe
Bohrung x Hub:	89 mm x 80 mm
Hubraum:	1990 ccm
Leistung:	115 PS (85 kW) bei 5800 1/min
Drehmoment:	165 Nm bei 3700 1/min
Vergaser:	1 Flachstromvergaser Stromberg 175 CDET
Getriebe:	4-Gang, manuell, Ein-scheibentrockenkupplung
Chassis:	Selbsttragende Ganzstahlkarosserie
Aufhängung:	Vorn: McPherson-Federbeine; hinten: Schräglenker und Schraubenfedern
Bremsen:	Hydraulisch, Scheiben vorn, Trommel hinten
Fahrleistung:	max. 170 km/h

lage und Bremsen waren erstklassig, wie man dies von BMW gewohnt war. Ein subtilerer Beitrag zur Sicherheit befand sich im Inneren des Fahrzeugs: Armaturenbrett und Steuerelemente waren ergonomisch gestaltet, um eine vollkommen selbstverständliche Bedienung zu ermöglichen. Auch hier erwies sich BMW als wegweisend und setzt noch heute Maßstäbe.

Während mit der 5er-Baureihe für BMW-Straßenfahrzeuge eine neue Ära begann, gab es auch im Motorsport größere Veränderungen. Alpinas Rennsportbestrebungen konzentrierten sich seit 1969 auf die großen Sechszylinder-BMW-Coupés, als Nicholas Koob und Helmut Kellener mit einem leicht getunten 2800CS einen neunten Platz bei den 24 Stunden von Spa erreichten. 1970 führten die Fortschritte Alpinas bereits zu zwei Siegen. Alex Soler Roig sah auf dem Salzburgring die Zielflagge als Erster, und Kellener kehrte mit dem Österreicher Gunther Huber nach Spa zurück, um dort das 24-Stunden-Rennen zu gewinnen.

Ende 1970 zog sich BMW offiziell vom Rennsport zurück, aber das seit 1969 bestehende sporadische Rallyeprogramm lief weiter und brachte später dank Björn Waldegård und Achim Warmbold (sein Kopilot war übrigens Jean Todt, der heutige Rennleiter von Ferrari) einige kleine Erfolge. Das BMW-Logo tauchte auch auf Privatrennfahrzeugen auf. Dieter Questers F-2-Programm von 1971 mit einem March-112-Chassis erhielt BMW-„Hybrid"-Motoren vom „BMW-Untergrund-Rennteam", dem „Freizeitvergnügen" Alex von Falkenhausens und einiger Mitarbeiter. Quester gewann das übliche Windschattenrennen auf der Hochgeschwindigkeitsstrecke von Monza und wurde fünfmal Zweiter, um das Jahr als Meisterschaftsdritter hinter Ronnie Peterson und Carlos Reutemann zu beenden. 1971 war das letzte Jahr der 1,6-Liter-Regel in der europäischen Formel 2, und BMW besaß noch keine wettbewerbsfähige Einheit, um sich für die kommende, auf Serienfahrzeuge gestützte 2-Liter-Formel-2 zu qualifizieren. Stattdessen baute man eine 2-Liter-Version des alten F-2-Motors in einen Chevron-Sportwagen ein, der 1972 viel versprechende Leistungen zeigte.

Unten: *1973 wurde die 5er-Reihe um ein Modell mit einem 2,5-Liter-Sechszylindermotor erweitert: dem BMW 525.*

Mitte 1971 wurde der BMW 3,0CSi homologiert, was bedeutete, dass Renncoupés 3-Liter-Motoren anstelle der alten 2,8-Liter-Aggregate verwenden konnten. Auch Benzineinspritzung kam zum Einsatz; allerdings wurde anstatt der bei den Straßenmodellen üblichen Bosch-D-Jetronic eine mechanische, von Kugelfischer entwickelte Einspritzung aus den Rennsport-2002ern eingebaut. Mit der Einspritzung stieg die Leistung der 3-Liter-Motoren um zehn Prozent, was zu maximal 330 PS führte. Trotz dieses Leistungsvorsprungs gegenüber den Ford Capris in derselben Klasse blieb deren Dominanz dank ihres niedrigen Gewichts – die BMW-Coupés waren 300 kg schwerer – unangefochten. Um die Coupés wettbewerbsfähig zu machen, brauchten die werksunterstützten Alpina- und Schnitzer-Teams eine von BMW produzierte und homologierte Leichtbau-Karosserie, wie sie Ford für den RS 2600 Capri lieferte. Ungeachtet des Gewichtshandicaps gelangen den BMW-Coupés aber zwei Siege. Dieter Quester schlug die Capris 1971 in Zandvoort, und Rolf Stommelen, John Fitzpatrick und Hans Heyer siegten beim Sechsstundenrennen auf dem Nürburgring 1972.

Jochen Neerpasch kam im Mai 1972 von Ford zu BMW, um die BMW Motorsport GmbH aufzubauen. Seine Verpflichtung fiel mit der Ankündigung des lange erwarteten Leichtbau-Coupés 3,0CSL zusammen. Von allem unnötigen Ballast befreit und mit Motorhaube, Kofferraumdeckel und Türverkleidung aus Aluminium sowie mit Perspex-Seitenfenstern ausgestattet, bot der CSL einen greifbaren Gewichtsvorteil gegenüber dem 3,0CSi – trotzdem wurden viele Straßen-CSL mit weniger spartanischer Ausstattung ausgeliefert. Im August vergrößerte BMW die Bohrung beim CSL von 89 auf 89,25 mm, gerade so viel, wie nötig war, um den angegebenen Hubraum von 2985 ccm auf 3003 ccm zu erhöhen und den CSL damit in die „Klasse über 3 Liter" zu hieven. Dies gab BMW zudem die Option des Ausbohrens auf 3,3 Liter, nachdem das Reglement dies gestattete. Die unbesiegbaren Capris hatten mittlerweile 2,6-Liter-V6-Motoren, die sie in die Klasse unter 3 Liter verbannten, was hieß, dass die Kölner „Renner" auf maximal 2,9 Liter begrenzt waren. Die raffinierte Auslegung des Reglements hatte den Münchnern einen 50-PS-Vorsprung gegenüber ihren schärfsten Konkurrenten gebracht. 1972 mussten sich Alpina und Schnitzer noch mit den „schwergewichtigen" Coupés begnügen, aber der CSL ließ für 1973 einiges erhoffen.

Oben: *Die 5er-Reihe bestand aus schnellen, sicheren und zugleich schönen Fahrzeugen. Durch sie konnte BMW zahlreiche neue Kunden gewinnen.*

Die Aussichten für die Formel 2 waren ebenfalls viel versprechend. Im August 1972 gab BMW einen Vertrag mit dem englischen Konstruktionsbüro March Engineering über die Entwicklung von Werksrennfahrzeugen und die Belieferung von Privatteams bekannt. Die beiden Werks-March-732 wurden dem erfahrenen Jean-Pierre Beltoise und dem aufgehenden Stern Jean-Pierre Jarier anvertraut. Obwohl bei Saisonstart niemand einen Pfifferling auf BMW gesetzt hätte, war das Potenzial der neuen BMW-angetriebenen Automobile sofort erkennbar: Beltoise erreichte beim Auftakt zur Europameisterschaft in Mallory Park die Pole Position, und Jarier gewann das Rennen. Jarier errang in der Folgezeit sieben weitere Siege und einige zweite Plätze, die ihn zum Europameister in der Formel 2 des Jahres 1973 mach-

BMW 3,0 CSL

Fertigung:	1973–1975
Motor:	6-Zylinder (Reihe), um 30° nach rechts geneigt, 1 oben liegende Nockenwelle, 12 Ventile, Leichtmetall-Zylinderköpfe
Bohrung x Hub:	89,25 mm x 84 mm
Hubraum:	3153 ccm
Leistung:	206 PS (149 kW) bei 5600 1/min
Drehmoment:	292 Nm bei 4200 1/min
Gemisch-aufbereitung:	Elektronisch gesteuerte Benzineinspritzung Bosch D-Jetronic
Getriebe:	4-Gang, manuell, Ein-scheibentrockenkupplung
Chassis:	Selbsttragende Ganzstahlkarosserie
Aufhängung:	Vorn: McPherson-Federbeine; hinten: Schräglenker und Schraubenfedern
Bremsen:	Hydraulisch, Scheiben vorn und hinten
Fahrleistung:	max. 220 km/h; von 0 auf 100 km/h: 7,5 Sekunden

***Rechts:** Der BMW 3,0 CSL war eine Leichtbauversion des 3,0 CS Coupés und im Hinblick auf den Rennsport entworfen worden.*

3.0 CSL
RPE 773L

Oben: Auch das 6er-Coupé war sehr erfolgreich. Die Abbildung zeigt ein Coupé vom Team Schnitzer in Zolder, Belgien.

Oben rechts: BMW nahm die Herausforderung der starken RS-Capris von Ford an und ging aus dem Konkurrenzkampf als Sieger hervor.

ten. Als wesentlich dramatischer stellte sich die Tourenwagen-Europameisterschaft heraus, in der das schnellste Material unterwegs war, das es jemals auf diesem Sektor gegeben hatte.

Am 1. Januar 1973 wurde der CSL homologiert. Paul Rosche hatte gerade eine 3331-ccm-Version des „großen 6ers" entwickelt, die ihre ersten Testfahrten auf dem Flugplatz von Dornier absolvierte. Weitere Tests während des Winters lagen in den Händen des Holländers Toine Hezemans, einschließlich einiger Zwölfstundenläufe in Monza, wo Ende März zwei Werkswagen zum Auftakt der Meisterschaft zusammen mit drei Schnitzer-CSL und einem einsamen Alpina antraten. Gegner waren drei Werks-Capris, sportlich aufgerüstet mit großen Frontspoilern und Hinterachsen mit Schraubenfedern. Beide Werks-CSL blieben mit Motorschäden auf der Strecke. Genauso erging es dem schnellsten Schnitzer, aber der Alpina-CSL von Niki Lauda und Brian Muir retteten Münchens Ehre mit einem Gesamtsieg vor einem Capri, der von den F-1-Piloten Jochen Mass und Jody Scheckter gesteuert wurde.

Ein sparsamer Einstieg in das Vierstunden-Rennen auf dem Salzburgring bestand aus nur einem Werks-CSL mit Dieter Quester und Hans-Joachim Stuck (dem Sohn von Hans Stuck, dem Vorkriegs-Grand-Prix-Piloten von Auto Union und Nachkriegs-Bergmeister auf BMW). Schnitzer und Alpina brachten jeweils einen Wagen ins Feld. Ein weiteres Motorproblem beim Werks-CSL und Beschädigungen bei den beiden anderen durch einen liegen gebliebenen 2002 verhalfen dem Werks-Capri von Dieter Glemser und John Fitzpatrick zu einem siegreichen Vorsprung von sieben Runden. Glemser gewann einige Wochen später in Mantorp Park, diesmal mit Jochen Mass als Partner. Das BMW-Werksteam blieb dagegen zu Hause (um sich auf Le Mans vorzubereiten), und der einzige Schnitzer schied mit einem defekten Kipphebel aus. Hezemans und Muir holten aber immerhin einen zweiten Platz für Alpina. BMW schlug mit einem Klassensieg bei den 24 Stunden von Le Mans zurück, und dann ging es an den Nürburgring, wo die harte Arbeit in München Früchte tragen sollte.

Aerodynamischer Auftrieb machte den CSL bei hohem Tempo zur Heckschleuder. Dadurch wurde das Fahrzeug in schnellen Kurven unhandlich. Darüber hinaus verstärkte sich der hintere Reifenabrieb, woraus ein noch schlechteres Handling resultierte. Um das

***Links:** In diesem 3,3-Liter-CSL-Werkswagen siegten Dieter Quester und Toine Hezemans 1973 bei den 24 Stunden von Spa.*

Problem zu lösen, experimentierte Braungart an einem Rennsport-CSL im Windkanal mit verschiedenen aerodynamischen Hilfen, bis er ein Paket von Maßnahmen fand, womit der Auftrieb ausgeglichen und sogar etwas Abtrieb, also Anpressdruck, erzeugt werden konnte. Schnell schuf man eine entsprechende Serienversion des CSL, die einen größeren Frontspoiler, Luftleitbleche an den Oberteilen der Frontkotflügel und einen Bügel über dem Rückfenster besaß. Der Bügel leitete den Fahrtwind zu einer Tragfläche, die auf Sockeln rechts und links vom Kofferraumrand montiert war. Ein neuer 3,2-Liter-Langhuber wurde ergänzt, behielt aber die Bezeichnung als 3,0CSL. Das überarbeitete Fahrzeug wurde am 1. Juli 1973 homologiert, und eine Woche später tauchte die Rennversion auf dem Nürburgring auf, wo Tests zeigten, dass das neue Aerodynamikpaket 15 Sekunden pro Runde bringen würde. Laudas Alpina war der Schnellste und führte, bis er aufgrund von Problemen mit der Aufhängung zurückfiel. Der Alpina-CSL wurde Dritter hinter den beiden Werks-CSL. Stuck/Amon siegten mit einer Runde Vorsprung vor Hezemans/Quester.

Tragische Rennen

Zwei Wochen später siegte BMW abermals in Spa: Der Werks-CSL von Hezemans/Quester hatte sich vor dem Capri von Mass/Fitzpatrick durchgesetzt. Das Rennen war jedoch überschattet vom Tod der Piloten Hans-Peter Joisten in einem der beiden Alpina-CSL und Roger Dubos in einem Autodelta Alfa GTV. Alpina zog seinen zweiten CSL zurück und, nachdem Autodelta-Pilot Massimo Larini bei einem weiteren Unfall verletzt wurde, nahm auch Autodelta seine restlichen Fahrzeuge aus dem Rennen. Larini erlag später seinen Verletzungen.

In enstprechend gedrückter Atmosphäre versammelten sich die Bewerber zum sechsten Lauf der Europäischen Tourenwagenmeisterschaft im holländischen Zandvoort. Zwei Wochen zuvor war beim Großen Preis der Niederlande der viel versprechende junge Brite Roger Williamson mit seinem March vermutlich nach Reifenschaden in einen Unfall geraten. Das Fahrzeug überschlug sich und fing Feuer. Trotzdem wurde nicht abgebrochen – so konnte die Feuerwehr, die an diesem Streckenabschnitt positioniert war, wegen des starken

BMW 3,0CSL (ETCC)

Rennsaison:	1974
Motor:	6-Zylinder (Reihe), 2 oben liegende Nockenwellen, 24 Ventile, Leichtmetall-Zylinderköpfe
Bohrung x Hub:	94 mm x 84 mm
Hubraum:	3498 ccm
Leistung:	440 PS (324 kW) bei 8500 1/min
Drehmoment:	keine Angaben
Gemisch-aufbereitung:	Mechanische Benzin-einspritzung Kugelfischer
Getriebe:	Getrag 5-Gang, manuell, Einscheibentrocken-kupplung
Chassis:	Ganzstahlfahrwerk/Karosserie; außen aus Leichtmetallpanelen, verbreiterte Radkästen aus Glasfiber und aerodynamische Hilfsmittel
Aufhängung:	Vorn: McPherson-Federbeine; hinten: Schräglenker und Schraubenfedern
Bremsen:	Hydraulisch, Scheiben vorn und hinten
Fahrleistung:	ca. 275 km/h; von 0 auf 100 km/h: 4 Sekunden

Oben: Hans-Joachim Stuck im F-2-March mit BMW-Motor.

Rechts: Hans Stuck senior und sein Sohn Hans-Joachim – beide höchst erfolgreiche Piloten von BMW-Motorsportfahrzeugen.

Gegenüberliegende Seite, oben: Die großen BMW-Coupés waren nicht nur elegant und leistungsstark, sondern auch im Motorsport konkurrenzlos erfolgreich.

Gegenüberliegende Seite, unten: Die 3er-Reihe ließ BMW 1975 auf die alternden 02-Modelle folgen.

Verkehrs nichts anderes tun, als die über den Bäumen aufsteigende Rauchwolke zu beobachten. David Parley, ein anderer Marchpilot, stoppte und versuchte erfolglos, Williamson aus dem brennenden Fahrzeug zu ziehen. Für die Formel 1 sollte es eine von Tragödien überschattete Saison werden, deren Höhepunkt der tödliche Unfall von François Cevert in Watkins Glen beim Training zum Großen Preis der USA im Oktober 1973 war.

Sicherheit in Zandvoort

Für das Zandvoort-Trophy-Tourenwagenrennen stellten die Veranstalter deutsche Rettungswagen bereit, um die Sicherheit auf dem Parcours zu verbessern. Nun umrundeten die Werks-CSL mit ihren satten 3,5-Liter-Motoren eine kurvige Strecke, auf der das Leistungspotenzial wichtiger war als BMWs neu erlangte aerodynamische Überlegenheit. Hezemans und Quester teilten sich wie gewohnt einen Werks-CSL, den anderen fuhren Stuck und Tecno-F1-Pilot Chris Amon. Die beiden Werkswagen standen zusammen mit dem Capri von Jochen Mass / Dieter Glemser in der ersten Reihe auf dem Asphalt. Beim Start wetteiferten Hezemans und Stuck in den BMWs mit dem Mass-Capri um die Führung, und auch Pescarolo im Schnitzer-CSL blieb dran. Das hohe Tempo forderte jedoch seinen Tribut: Ein Privat-Capri gab auf, und einer der Werkswagen fiel mit Motorenproblemen zurück. Stuck fuhr nach einem Ausflug ins Sandbett an die Box, kurz danach fiel das Fahrzeug mit Getriebeschaden aus. Auch der Mass-Capri musste wegen einer gebrochenen Antriebswelle aufgeben, und der Schnitzer von Ertl / Pescarolo benötigte einen Boxenstopp, um einen verschlissenen Reifen zu wechseln. Am Ende stand ein weiterer Sieg für den Hezemans / Quester-Werks-CSL vor dem Alpina von Brian Muir / James Hunt und dem Capri von John Fitzpatrick / Gérard Larrousse.

Das Team Hezemans / Quester gewann abermals im September in Paul Ricard, Frankreich, an der Spitze einer ganzen CSL-Karawane aus zwei Werkswagen und zwei Alpinas. Den besten Capri fuhren Jochen Mass und Jackie Stewart, der nur eine Woche später seinen

BMW 633CSi

Fertigung:	1976–1982
Motor:	6-Zylinder (Reihe), um 30° nach rechts geneigt, 1 oben liegende Nockenwelle, 12 Ventile, Leichtmetall-Zylinderköpfe
Bohrung x Hub:	89 mm x 86 mm
Hubraum:	3210 ccm
Leistung:	197 PS (145 kW) bei 5500 1/min
Drehmoment:	290 Nm bei 4300 1/min
Gemisch-aufbereitung:	Elektronische Benzinein-spritzung Bosch L-Jetronic
Getriebe:	4-Gang (ab 1979 5-Gang), manuell, Einscheiben-trockenkupplung
Chassis:	Selbsttragende Ganzstahlkarosserie
Aufhängung:	Vorn: McPherson-Feder-beine; hinten: Schräglenker und Schraubenfedern
Bremsen:	Hydraulisch, Scheiben vorn und hinten
Fahrleistung:	max. 215 km/h; von 0 auf 100 km/h: 8,5 Sekunden

dritten und letzten WM-Titel in der Formel 1 besiegeln sollte. Kühlungs- und Einspritzungsprobleme bremsten sie aus, dann verabschiedete sich noch ein Motorenteil, und der Capri erreichte das Ziel nur mühsam auf fünf Zylindern. Im Capri der Teamkollegen Fitzpatrick und Larrousse brach ein Auslassventil und verursachte damit nicht nur einen finalen Schaden für den RS 2600, sondern begrub auch Fords Hoffnungen auf die Europameisterschaft.

Die Schlussrunde der Meisterschaft wurde in Silverstone im September anlässlich der RAC Tourist Trophy mit zwei Zweistundenläufen abgehalten. Schnitzer nahm nicht teil, aber es traten zwei Werks-CSL und zwei Alpinas neben drei Capris an. Die BMWs begannen am schnellsten, angeführt von Stucks Werkswagen vor Frank Gardeners berühmten SCA Freight Camaro. Handlingprobleme auf dem Northamptonshire-Hochgeschwindigkeitskurs schlu-

BMW 316 E21

Fertigung:	1975–1983
Motor:	4-Zylinder (Reihe), um 30° nach rechts geneigt, 1 oben liegende Nockenwelle, 8 Ventile, Leichtmetall-Zylinderköpfe
Bohrung x Hub:	84 mm x 71 mm
Hubraum:	1573 ccm
Leistung:	90 PS (66 kW) bei 6000 1/min
Drehmoment:	125 Nm bei 4000 1/min
Vergaser:	1 Fallstrom-Register-vergaser Solex 32/32 DIDTA
Getriebe:	4-Gang, manuell, Ein-scheibentrockenkupplung
Chassis:	Selbsttragende Ganzstahlkarosserie
Aufhängung:	Vorn: McPherson-Feder-beine; hinten: Schräglenker und Schraubenfedern
Bremsen:	Hydraulisch, Scheiben vorn und Trommel hinten
Fahrleistung:	max. 160 km/h; von 0 auf 100 km/h: 14 Sekunden

gen die Capris aus dem Feld. Im ersten Lauf wurde Ertls Alpina-CSL von Gardeners 7-Liter-V8 überrundet, aber mangelhaftes Reifenmaterial ließ den Camaro im späteren Rennverlauf zurückfallen. Bei Stucks BMW brach das Getriebe, und Glemsers Capri hatte einen Unfall. So blieb nur Ertl, um den Sieg vor Mass/Fitzpatrick auf Capri einzufahren.

Erneute Reifenprobleme im zweiten Lauf brachten den großen Camaro aus der Siegspur, und so fuhren Mass, Fitzpatrick, Quester und Bell (im Ertl-Alpina) den Sieg unter sich aus. Quester führte das Rudel an, bis er einige Meilen vor Ende des Rennens ohne Sprit liegen blieb und Bells CSL den Sieg holte. Am Ende siegten Bell und Ertl vor Jochen Mass im Capri RS 2600. BMW nahm Ford die Tourenwagen-Europameisterschaft ab, und CSL-Pilot Toine Hezemans gewann den Fahrertitel. Die „Unschlagbar BMW"-Aufkleber auf den Heckfenstern von vielen 1000 Serien-2002 hatten also nicht getrogen.

Fords Herausforderung

Ford gab nun alles daran, den Capri weiterzuentwickeln, um sich BMW stellen zu können. Der RS-2600-Homologations-Spezialtyp wurde durch den RS 3100 mit 3,1-Liter-Essex-V6-Motor und einem Entenschwanz-Heckspoiler ersetzt. Die Rennmaschinen zogen daraus ihren Nutzen, indem sie aerodynamische Hilfen optimierten, und der OHV-Einnockenweller-V6 mit nur ca. 150 PS wurde von Cosworth zu einem 3,5-Liter-24-Ventiler ausgebaut, aus dessen Auspuff über 400 PS brüllten. Auch BMW beschritt den Weg der Mehrventiler mit einer Sechstopf-Version des Zylinderkopfs, der schon bei den F-2-Vierzylindern überaus erfolgreich war. Hier brachte es der 3,5-Liter-Rennmotor sogar auf über 430 PS. Der angekündigte Kampf der Giganten zwischen Ford und BMW sollte trotzdem nicht stattfinden.

Europa schlitterte in die Ölkrise, die aus dem Yom-Kippur-Krieg zwischen Israel und seinen arabischen Nachbarn von 1973 resultierte. Der Preis für einen Liter Benzin schoss von bis dahin durchschnittlich 70 Pfennigen auf 90 Pfennige nach oben. Plötzlich erschien der Motorsport als teurer und sozial unverantwortlicher Luxus, und die Rennprogramme überall in

Europa wurden eingeschränkt. Die CSL in ihren neuen, mitternachtsblauen Lackierungen begegneten den Werks-Ford 1974 bei nur zwei Rennen, wovon sie eines gewannen und eines verloren. Im Alltag jedoch entwickelten sich durstige Autos zu Ladenhütern, und während der CSL auf der Piste ein großer Erfolg war, fiel es seinem Serienbruder schwer, es ihm in den Verkaufsstatistiken gleichzutun. Und dies, obwohl die Presse von den Fahrleistungen und besonders von den aerodynamischen Hilfen schwärmte, die dem geflügelten CSL den Spitznamen „Batmobil" eintrugen. In Deutschland waren die Heckflossen aus Sicherheitsgründen gesetzlich verboten und wurden beim CSL nur im Kofferraum mitgeliefert. Obwohl BMW-Fahrer vielleicht eher als andere in der Lage gewesen wären, die steigenden Spritpreise zu verkraften, kam bei manchen der Wunsch nach einem „vernünftigen", sparsamen Automobil auf. BMW reagierte auf die Energiekrise mit der Einführung eines sparsamen 1,8-Liter-Motors im Bereich der 5er-Reihe, dem 90-PS-518 neben dem ursprünglichen 2-Liter-520 und dem Sechszylinder-525, der 1973 herausgekommen war.

Oben: *Mit der 7er-Reihe von 1977 wurde BMW eine ernst zu nehmende Konkurrenz für die großen Mercedes-Limousinen.*

Gegenüberliegende Seite: *1976 wurden die E9-Coupés, die BMW gute Dienste geleistet hatten, von der neuen 6er-Reihe abgelöst.*

Oben: *Alex Elliot beim „Goodwood Festival of Speed" 2004 in der Gruppe 5 der für die Rennsaison 1976 gebauten CSL.*

Die Ölkrise bedrohte auch ein weiteres BMW-Geschoss, nämlich den BMW 2002 Turbo. Die technische Konzeption des Turbo-Motors stammte von den aufgeladenen 2002 der Rennsaison von 1969, und im Straßentrimm leistete die mit einem KKK-Lader ausgestattete Maschine 170 PS – genauso viel wie der 2,8-Liter in der großen E3-Limousine, jedoch ohne den gleichmäßigen seidigen Lauf des Reihensechsers zu erreichen. In der Tat hatte der Turbo ein ausgeprägtes „Turboloch", und diese

Oben rechts: Bei manchen CSL-Modellen wurde der Innenraum aus Gewichtsgründen von allem unnötigen Ballast befreit.

Mitte rechts: Diese „Batmobil"-Heckflosse war in Deutschland nicht erlaubt – deshalb befand sie sich bei den hiesigen CSL-Modellen als Bausatz im Kofferraum.

Unten rechts: Der Sechszylinder des CSL wurde mit 3003 ccm angegeben, sodass die Rennfahrzeuge 3,3-Liter-Motoren haben konnten.

BMW 3,0CSL Turbo (ETCC)

Rennsaison:	1976
Motor:	6-Zylinder (Reihe), 2 oben liegende Nockenwellen, 24 Ventile, Leichtmetall-Zylinderköpfe
Bohrung x Hub:	92 mm x 80 mm
Hubraum:	3191 ccm
Leistung:	800 PS (588 kW) bei 9000 1/min
Drehmoment:	keine Angaben
Gemisch-aufbereitung:	Mechanische Benzin-einspritzung Kugelfischer
Getriebe:	Getrag 5-Gang, manuell
Chassis:	Ganzstahlfahrwerk/ Karosserie außen aus Leichtmetallpanelen, verbreiterte Radkästen aus Glasfiber und aerodynamische Hilfsmittel
Aufhängung:	Vorn: McPherson-Federbeine; hinten: Schräglenker und Schraubenfedern
Bremsen:	Hydraulisch, Scheiben vorn und hinten, Vierkolben-Innentaster vorn
Fahrleistung:	ca. 308 km/h; von 0 auf 100 km/h: 3,5 Sekunden

besonders „giftige" Gasannahme verleitete so manchen ungeübten Fahrer dazu, mitten in der Kurve zu viel Gas zu geben. Fahrwerk und Bremsen waren natürlich entsprechend der größeren Leistung des Turbos verbessert. Mit seinem weit heruntergezogenen Frontspoiler und den daran befestigten verbreiterten Radkästen, unter denen sich breite Räder und dicke Reifen verbargen, wirkte der BMW 2002 Turbo wie ein reinrassiger Sportwagen. Vervollständigt wurde das Paket durch BMW-Motorsport-Rennstreifen und einen spiegelverkehrten „Turbo"-Schriftzug, der „dem Vordermann in seinem Rückspiegel den schnellen Hintermann signalisieren" sollte. Europa befand sich inmitten einer Ölverknappung, und so erregte die aggressive Erscheinung sowie das Leistungspotenzial – von 0 bis 100 km/h in acht Sekunden, Spitze 210 – vor allem in Deutschland einige Kritik. Ende 1974 mit gerade mal 1672 gebauten Exemplaren wurde die Produktion des BMW 2002 Turbo schon wieder eingestellt.

Oben: *Straßentaugliche Modelle des 3,0 CSL-Rennsport-Coupés sind selten und noch immer sehr teuer. Dieses makellose Exemplar stammt aus dem Jahr 1974.*

Der Turbo war der letzte Atemzug der 02er-Serie, noch einmal etwas Werbung für den betagten Zweitürer, bevor er 1975 durch die 3er-Reihe E21 ersetzt werden sollte. Trotz der gewaltigen Leistung war der BMW 2002 Turbo nicht als Wettbewerbsfahrzeug gedacht gewesen, obwohl Schnitzer eine Turboversion seines 16-Ventilers zum Einsatz brachte. Vergleichbares sollte einige Jahre später auf den Rennpisten in der 3er-Reihe auftauchen – davor schickte BMW aber noch eine Turboversion von seinem alten Schlachtross CSL ins Feld.

BMW überließ die europäischen Wettbewerbe den Privaten (Alain Peltiers Alpina-CSL setzte Maßstäbe) und wandte sich der IMSA-Serie der International Motor Sports Association in Amerika zu. Die Wagen begeisterten das Publikum und fuhren einige prestigeträchtige Erfolge ein, wie etwa Stucks Sieg bei den zwölf Stunden von Sebring und drei weiteren Rennen, Laguna Seca, Riverside und Talladega. Über die ganze Saison jedoch spielten Porsche-

Jochen Neerpasch: Seitenwechsel

JOCHEN NEERPASCH begann 1960, mit einem Borgward an deutschen Tourenwagenrennen teilzunehmen. Nachdem er zusammen mit Chris Amon 1964 auf einer Shelby Cobra in Le Mans mitgefahren war, trat er in Sportwagenrennen für Porsche und in Tourenwagenrennen für Ford an, während er gleichzeitig den Durchbruch in der Formel 3 versuchte, wobei er einige Unfälle im unsicheren Porsche 907 wegstecken musste.

1968 nahm seine Karriere eine andere Wendung, als er als Leiter der Rennsport- und Rallye-Abteilung von Ford eine neue Aufgabe fand. Neerpasch verpflichtete Martin Braungart von Mercedes-Benz als Chef-Ingenieur der Abteilung, die mit der Entwicklung des Escort mit Lotus-Doppelnockenwellenmotor für den Rennsport und des Capri 2300 GT für Rallyes begann. Neerpasch war auch für das Erscheinen der V6-Capris bei der Tourenwagen-Europameisterschaft verantwortlich. 1971 gewannen die Wagen aus Köln mit einer Ausnahme alle Rennen. Dann folgte die Ankündigung, dass Neerpasch und Braungart zum Hauptrivalen BMW wechseln würden.

In München waren die beiden erfolgreich in der neuen BMW Motorsport GmbH tätig, schickten die CSL Coupés auf die Siegerstraße und machten sich dann an das M1-Projekt. Im November 1979 zog Neerpasch jedoch weiter, gerade als die Verantwortlichen bei BMW überlegten, mit dem Turbolader in die Formel 1 einzusteigen. Neerpasch hätte den Turbo beinahe zu Talbot mitgenommen – wäre dies gelungen, hätte es wohl die Geschichte der Formel 1 verändert.

In neuerer Zeit war Neerpasch für die sportlichen Aktivitäten von Mercedes-Benz verantwortlich, was zu Siegen in WM-Läufen 1989 und 1990 führte. Er stellte ein neues „Juniorteam" auf, über das Karl Wendlinger, Heinz-Harald Frentzen und nicht zuletzt Michael Schumacher zur Formel 1 kamen.

***Unten:** Alle drei Fahrer des BMW-Junior-Teams – Manfred Winkelhock, Marc Surer und Eddie Cheever – wechselten später zur Formel 1.*

***Oben:** Jochen Neerpasch (links, sitzend) und sein Team 1973. Neben ihm auf der Haube des CSL sitzt Jean Todt.*

Turbos immer ihren Vorteil im Verhältnis von Leistung und Gewicht aus, sodass die Zuffenhausener erfolgreich die Meisterschaft verteidigten. 1976 führte BMW das IMSA-Programm fort. In der Gruppe-5-Marken-WM schickte man CSL ins Rennen, sogar einen monströsen Turbo CSL für den F-1-„Superschweden" Ronnie Peterson in Silverstone und Dijon. Mit glühender Motorhaube aufgrund der Hitze des 800-PS-Motors, heftigem Reifenverschleiß (in Silverstone stoppte Peterson nach nur 64 km zum Reifenwechsel) und einem überlasteten Getriebe gelang dem Turbo-CSL zwar nie ein Sieg – doch sein Auftritt war immer spektakulär. Peterson berichtete, dass dem Turboautomobil bei knapp 290 km/h im dritten Gang schon einmal die Hinterräder durchdrehten ...

Inzwischen gewann das belgische CSL-Team von Luigi Cimarosti den europäischen Titel bei den Gruppe-2-Wagen, die jetzt nach einem verschärften Reglement antraten. Es war das

Links: Bei der 7er-Reihe kam die traditionelle BMW-Technik – mit „großen" Sechszylindermotoren und Hinterradaufhängung mit Schräglenker – zur Anwendung.

BMW 320 Turbo (ETCC)

Rennsaison:	1977–1979
Motor:	4-Zylinder (Reihe), 2 oben liegende Nockenwellen, 16 Ventile, Leichtmetall-Zylinderköpfe
Bohrung x Hub:	89,2 mm x 80 mm
Hubraum:	1995 ccm
Leistung:	500 PS (368 kW) bei 9000 1/min
Drehmoment:	keine Angaben
Gemisch-aufbereitung:	Benzineinspritzung Kugelfischer
Getriebe:	Getrag 5-Gang, manuell
Chassis:	Ganzstahlfahrwerk/ Karosserie außen aus Leichtmetall- und Glasfiberpanelen
Aufhängung:	Vorn: McPherson-Federbeine; hinten: Schräglenker und Schraubenfedern
Bremsen:	Hydraulisch, Scheiben vorn und hinten
Fahrleistung:	ca. 300 km/h; von 0 auf 100 km/h: ca. 3,5 Sekunden

letzte Jahr der Werkunterstützung für die CSL-Rennsportwagen, weil die CS-Serie 1976 durch das neue 6er-Coupé ersetzt wurde. Doch selbst danach sollten Privatteams mit den CSL weiter Rennen fahren. Alpina baute aus Teilen ein komplett neues Auto zusammen, den hellgrünen „Gösser-Bier"-CSL. Damit nahm Dieter Quester dem Luigi-Team den Europameistertitel ab. Sogar noch 1978 gab sich der CSL nicht geschlagen, als Umberto Grano in einem Luigi-Wagen die Meisterschaft gewann.

In München widmete man sich nun dem 3er, der sich wegen seiner schwachen Leistung und seinem etwas behäbigen Fahrverhalten im Vergleich zum klassischen 2002 manche Kritik gefallen lassen musste. Eine neue Generation kleiner Reihensechszylinder löste das Leistungsproblem. So hatte der 140 PS starke BMW 323i dieselbe Beschleunigung wie der BMW 2002tii, aber viel mehr Laufruhe und Komfort. Trotzdem brauchte der 3er eine Imageverbesserung: Sie kam in Form einer Rennsportversion des BMW 320i für die Gruppe 5 für Europa und Amerika. Das Auto wurde von einem 2,0-Liter-16-Ventil-BMW-Motor angetrieben, der sich in der Formel 2 bewährt hatte: Jariers Sieg im zweiten Jahr der 2-Liter-Formel 1973 folgten Siege von Patrick Depailler/Jacques Lafitte in mit BMW-Motoren bestückten Wagen.

McLaren Nordamerika fuhr mit dem Briten David Hobbs in einem einfachen BMW 320 IMSA-Rennen, während Neerpasch für Europa drei junge „Hüpfer" für ein BMW-Junior-Team rekrutierte: Jungen Fahrern eine Chance zu geben, sollte ein Dauerthema in Neerpaschs Karriere als Motorsport-Manager werden. Eddie Cheever, Manfred Winkelhock und Marc Surer waren diese drei Hoffnungsträger. Bei Testfahrten bewährter BMW-Piloten, die sich gelegentlich ans Steuer setzten, demonstrierte Ronnie Peterson die außergewöhnliche Ausgewogenheit des 2-Liter-Autos, als er damit in Paul Recard bessere Rundenzeiten als im CSL fuhr. Beim Rennen gab es eine große Show, wenn die drei Junior-Team-Fahrer gegeneinander und gegen die Konkurrenten um den Sieg kämpften. Manchmal wurde es richtig eng, und die Emotionen kochten über. Surer verlor nach einer Rangelei mit Hans Heyers

Oben: Die 6er-Reihe – hier das BMW-635CSi-Coupé von 1978 – wurde nach und nach mit immer stärkeren Motoren bestückt.

BMW 728 E23

Fertigung:	1977–1979 (andere Modelle der E23-Reihe 1977–1986)
Motor:	6-Zylinder (Reihe), um 30° nach rechts geneigt, 1 oben liegende Nockenwelle, 12 Ventile, Leichtmetall-Zylinderköpfe
Bohrung x Hub:	86 mm x 80 mm
Hubraum:	2788 ccm
Leistung:	170 PS (125 kW) bei 5800 1/min
Drehmoment:	238 Nm bei 4000 1/min
Vergaser:	1 Doppel-Fallstrom-Registervergaser Pierburg 4 A 1
Getriebe:	4- bzw. 5-Gang, manuell, Einscheibentrockenkupplung
Chassis:	Selbsttragende Ganzstahlkarosserie
Aufhängung:	Vorn: McPherson-Federbeine; hinten: Schräglenker und Schraubenfedern
Bremsen:	Hydraulisch, Scheiben vorn und hinten
Fahrleistung:	max. 195 km/h; von 0 auf 100 km/h: 10 Sekunden

Escort für drei Monate seine Lizenz, und schließlich stoppte Neerpasch die Materialschlacht, sperrte alle drei Junior-Team-Fahrer für ein Rennen und ersetzte sie durch ein „BMW-Gentlemen-Team", zu dem Ronnie Peterson und Hans-Joachim Stuck gehörten.

Schon bald folgte eine Turbo-Rennversion des BMW 320, mit der David Hobbs 1977 vier IMSA-Läufe gewann. In Europa kam der Turbo selten zum Einsatz. Während das Junior-Team das Publikum in den normalen 320 mit Kapriolen bei Laune hielt, vertraute Schnitzer weiter auf die 1,4-Liter-turbogeladenen 2002, obwohl das Modell schon seit geraumer Zeit nicht mehr gebaut wurde.

__Oben rechts:__ Der BMW 323i war die Antwort an alle Kritiker, die behaupteten, der 3er-Reihe würde das sportliche Flair des alten BMW 2002 fehlen.

__Rechts:__ Der BMW M1 war ein Superfahrzeug, seine Produktion jedoch problembehaftet.

Oben: Fünf Generationen der BMW-5er-Reihe. Seit 1972 ist sie ein wichtiges Standbein auf der BMW-Produktpalette.

Turboaufladung in Serie war seit den späten 1970er-Jahren nichts Außergewöhnliches mehr, und nach BMW folgten Porsche, Saab und später viele andere. BWM entschied sich dafür, keinen Nachfolger des BMW 2002 Turbo innerhalb der 3er-Reihe in Serie zu bauen, nutzte diese Technik aber, um das Spitzenmodell einer neuen Generation von Luxuswagen ohne großen Aufwand mit überlegener Leistung zu versehen.

Größer und besser

Die Reihe der großen E3-Limousinen, die 1968 als 2,5-Liter eingeführt worden waren, schloss mit dem BMW 3,0Si und dem BMW 3,3Li mit langem Radstand, um für die Fondpassagiere mehr Platz zu schaffen. Die lange Produktionszeit der E3-Baureihe endete 1977. Als Nachfolger dieser großen BMWs erschien im Mai desselben Jahres die 7er-Reihe. Die neue große Limousine spiegelte mit den typischen Vierfachfrontscheinwerfern und dem Nierengrill, den klaren Linien und großzügigen Glasflächen das Styling der kleineren BMW-Automobile wider. Bestückt waren der BMW 728 und BMW 730 mit Vergasermotoren, der BMW 733i war mit einem Einspritzmotor ausgestattet. Eine überarbeitete Serie mit Benzineinspritzung wurde 1979 mit den Modellen 728i, 732i und 735i eingeführt. Später gab es sogar einen 745i mit einer 3,2-Liter-Version der üblichen „großen Sechser", die von einem KKK-Turbolader auf 252 PS gebracht wurde. Natürlich ging der 745i so zur Sache, als ob er noch eine ganze Menge mehr Hubraum unter der Haube hätte: Er beschleunigte von 0 auf 100 km/h in gerade mal acht Sekunden und brachte es auf eine Höchstgeschwindigkeit von 225 km/h.

Die Turboaufladung sollte im Zentrum neuer BMW-Motorsportpläne stehen. Zusätzlich zum M1-Projekt (siehe Seite 100) zielte BMW darauf ab, als Motorenlieferant in die prestigeträchtige Formel 1 einzusteigen. Die Motoren sollten auf dem 2-Liter-Turbo aus den Turbo-320-Tourenwagen aufbauen, der selbst ein Nachfahre des Serienvierzylinders war. Dieser hatte sein Debüt vor vielen Jahren in der BMW-1500-Limousine der „Neuen Klasse" gegeben. Alex von Falkenhausen hatte ihn damals wohl überlegt als sehr starken Motor entwickelt – und die kommenden Jahre sollten allen zeigen, wie verblüffend tüchtig dieser kleine Motor sein konnte.

BMW 323i E21

Fertigung:	1978–1982
Motor:	6-Zylinder (Reihe), 1 oben liegende Nockenwelle, 12 Ventile, Leichtmetall-Zylinderköpfe
Bohrung x Hub:	80 mm x 76,8 mm
Hubraum:	2315 ccm
Leistung:	143 PS (105 kW) bei 6000 1/min
Drehmoment:	194 Nm bei 4500 1/min
Gemisch-aufbereitung:	Bosch-K-Jetronic-Einspritzpumpe
Getriebe:	5-Gang, manuell, Einscheibentrockenkupplung
Chassis:	Selbsttragende Ganzstahlkarosserie
Aufhängung:	Vorn: McPherson-Federbeine; hinten: Schräglenker und Schraubenfedern
Bremsen:	Hydraulisch, Scheiben vorn und hinten
Fahrleistung:	max. 192 km/h; von 0 auf 100 km/h: 9,5 Sekunden

„Procar“ und ein BMW-Superautomobil: der M1

DAS SCHWINDENDE Interesse an Sportwagenrennen in den 1970er-Jahren ließ Rufe nach einer „relevanteren“ Formel mit einer engeren Verbindung zu den Produktionswagen laut werden. Für die Gruppe 5 war geplant, dass die Wagen umfassend verändert werden konnten, vorausgesetzt, dass sie von der Seite genau so aussahen wie die Serienwagen und größere Teile wie der Motor weit gehende Ähnlichkeiten im Typ und der Anordnung zum Originalfahrzeug aufwiesen.

BMW unterstützte diese Vorschläge, und Jochen Neerpasch machte sich an den Entwurf des BMW-Superautomobils M1 mit relativ geringem Hubraum, auf dem sein Rennwagen basieren sollte. Der BMW-Turbo-Prototyp von 1972 gab die Grundform vor, die man durch italienisches Design verfeinerte, während die Rennsportentwicklungen des CSL den Motor lieferten. 1976 wurde die italienische Firma Lamborghini beauftragt, diese Grundidee in ein realisierbares Straßenfahrzeug umzusetzen und die 400 für die Homologation benötigten Einheiten zu bauen.

Der Entwicklungsprozess bei Lamborghini zog sich in die Länge. Die Saison 1977 verging ergebnislos. Im Frühjahr 1978 hatte BMW genug davon und ließ die Fahrzeuge bei der Karosseriefabrik Baur in Stuttgart montieren.

Die Gruppe 5 wurde nie zur führenden Sportwagenkategorie. Deshalb schuf BMW mit „Procar“ eine neue Rennserie speziell für den M1. Deren acht Läufe sollten jeweils vor dem Start der europäischen Grand-Prix-Rennen in der Formel 1 stattfinden. Die Idee war, dass die fünf trainingsbesten Formel-1-Piloten jedes Rennens auch an den Procar-Rennen teilnehmen. Aufgrund vertraglicher Probleme konnte dieser Plan aber nicht strikt eingehalten werden. Immerhin ließ es sich eine Reihe von Grand-Prix-Assen nicht nehmen, beim teuersten und schnellsten Markenpokal, den es bisher gegeben hatte, anzutreten. Die Procar-Serie erlebte nur die zweite Saison. Niki Lauda ging 1979 als Gesamtsieger hervor, 1980 folgte ihm Nelson Piquet.

Oben: *Procar-Piloten, von links nach rechts: Jacques Laffite, Didier Pironi, Alan Jones, Nelson Piquet (Gesamtsieger 1980) und Carlos Reutemann.*

Unten links: *Nelson Piquet sollte 1983 auf einem Brabham-BMW Formel-1-Weltmeister werden.*

Unten: *Die M1-Procar-Serie ging über acht Läufe, die jeweils vor den Grand-Prix-Rennen stattfanden – hier zwei M1 in der Mirabeau-Kurve in Monte Carlo.*

BMW M1

Fertigung:	1978–1981
Motor:	6-Zylinder (Reihe), 2 obenliegende Nockenwellen, 24 Ventile, Leichtmetall-Zylinderköpfe
Bohrung x Hub:	93,4 mm x 84 mm
Hubraum:	3453 ccm
Leistung:	277 PS (204 kW) bei 6500 1/min
Drehmoment:	336 Nm bei 5000 1/min
Gemisch-aufbereitung:	Mechanische Einspritzpumpe, Kugelfischer
Getriebe:	5-Gang, manuell, Zweischeibenkupplung
Chassis:	Stahlrohr-Gitterrahmen mit Kunststoffkarosserie
Aufhängung:	Doppel-Querlenker und Schraubenfedern vorn und hinten
Bremsen:	Hydraulisch, Scheiben vorn und hinten
Fahrleistung:	max. 262 km/h; von 0 auf 100 km/h: 6,5 Sekunden

Oben: Jean-Pierre Jarier, 1973 F-2-Europameister auf BMW, gehörte ebenfalls zum Team der Procar-Piloten.

Rechts: Niki Lauda gewann mit dem Project 4 Racing M1 die Procar-Serie 1979.

Unten: Der M1 war der erste BMW-Straßenwagen, der vom Rennsport kam.

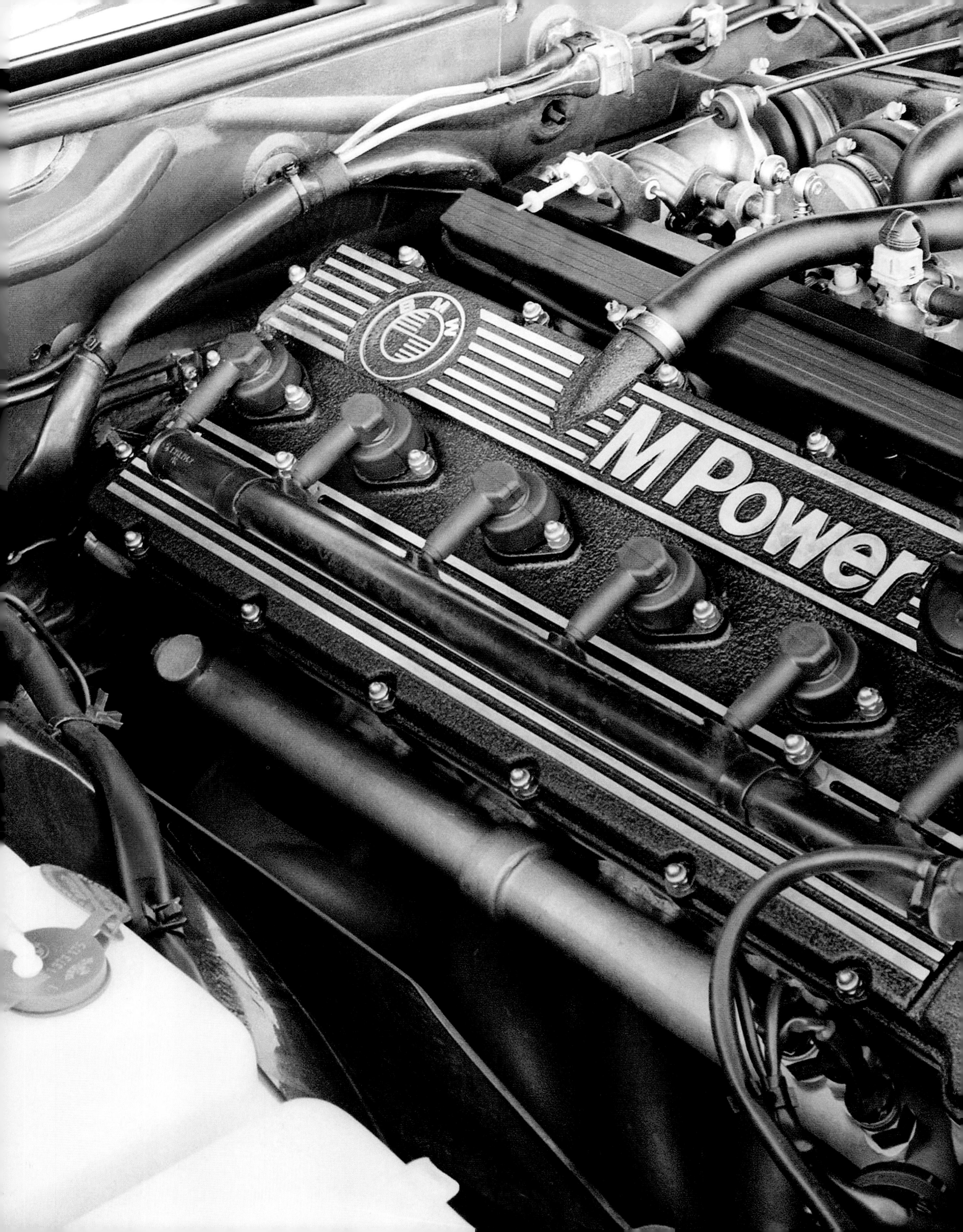
BMW
M Power

BMW-POWER
1980–1985

Vorhergehende Seiten: Der Reihensechszylinder entsprang direkt der Erfahrung mit den Rennsport-CSL und dem M1. Dieser Motor sollte eine ganze Generation außergewöhnlicher Straßenfahrzeuge antreiben.

BMW M 535i E12

Fertigung:	1980–1981
Motor:	6-Zylinder (Reihe), um 30° nach rechts geneigt, 1 oben liegende Nockenwelle, 12 Ventile, Leichtmetall-zylinderköpfe
Bohrung x Hub:	93,4 mm x 84 mm
Hubraum:	3453 ccm
Leistung:	218 PS (160 kW) bei 5200 1/min
Drehmoment:	316 Nm bei 4000 1/min
Gemisch-aufbereitung:	Elektronische Benzineinspritzung Bosch L-Jetronic
Getriebe:	5-Gang Getrag, manuell, Einscheibentrocken-kupplung
Chassis:	Selbsttragende Ganzstahlkarosserie
Aufhängung:	Vorn: McPherson-Federbeine; hinten: Schräglenker und Schraubenfedern
Bremsen:	Hydraulisch, Scheiben vorn und hinten
Fahrleistung:	max. 222 km/h; von 0 auf 100 km/h: 8 Sekunden

DIE 5ER-REIHE hatte zwar keine so große Rennkarriere gemacht wie das CSL-Coupé, doch gab es Anfang der 1970er-Jahre in der Nachfolge der guten Saisons mit den 3,0Si-Limousinen einige Auftritte bei europäischen Serienlimousinenrennen. In Südafrika waren die 5er sogar sehr erfolgreich, wo sie dank eines seltenen Reglements Tuningteile verwenden durften, die denen in der Kategorie für „veränderte Limousinen" in der europäischen Gruppe 2 ähnelten: Spoiler, Breitreifen, Spurverbreiterung und stark veränderte Motoren. Manche dieser Modifikationen fanden sich in Einzelanfertigungen geländegängiger Fahrzeuge für BMW-Motorsport-Kunden wieder. Ein Tuningpaket wurde in Südafrika in eine limitierte Sonderserie integriert, die als 530i Motorsport Limited Edition bekannt wurde und für die die BMW Motorsport GmbH in München verantwortlich zeichnete. Europa musste auf eine Hochleistungsversion der 5er-Reihe warten. Doch das Automobil, das dann kommen sollte, entschädigte nicht nur für die aufgebrachte Geduld, sondern läutete auch die Geburtsstunde einer völlig neuen Art von BMW-Straßenfahrzeugen ein.

Oben rechts: Die zweite Generation der 5er-Reihe erschien 1981 und zeigte keine großen Unterschiede zur vorhergehenden. Hier der BMW-525i-Sechszylinder.

Rechts: Der Fahrer des BMW M535i saß sicher in einem mit Cord bezogenen Recaro-Sitz vor einem Lederlenkrad im Stil des M1.

Das Spitzenmodell der bestehenden 5er-Reihe war in Europa der 2,8-Liter-BMW-528i und in den USA der 3-Liter-BMW-530i. Beide hatten den „großen" Sechsermotor. Die 3,5-Liter-Version des Motors, die man ursprünglich für das CSL-Rennprogramm entwickelt hatte (trotz anfänglicher Zweifel über fehlende Kühlkanäle zwischen den Zylinderbohrungen), fand bereits in der 6er- und 7er-Reihe Verwendung. In dieser Ausführung war die Bohrung mit 93,4 mm geringfügig kleiner, was in Verbindung mit einem Hub von 84 mm einen Hubraum von 3453 ccm ergab. Mit einer Verdichtung von 9,3:1 entwickelte die mit einer Bosch-L-Jetronic-Einspritzanlage ausgerüstete Maschine 218 PS (160 kW) sowie ein Drehmoment von 316 Nm bei 4000 1/min und wurde im Rahmen der 5er-Reihe in ein Fahrzeug mit der Bezeichnung BMW M535i eingebaut. Den großen Sechser kombinierte man mit einem Getrag-Fünfganggetriebe, bei dem die meistgenutzten vier Gänge in „H"-Form lagen und der erste Gang nach links hinten versetzt war. Obwohl der Wechsel vom ersten in den zweiten Gang etwas Zeit brauchte, verzeichnete die Zeitschrift Autocar beim BMW M535i rasante acht Sekunden beim Sprint von 0 auf 100 km/h. Das Chassis wurde mit Bilstein-Dämpfern, härteren Federn, stärkeren Stabilisatoren und größeren 653CSi-Bremsen ausgerüstet. Außen gab es einen großen Frontspoiler unter der Stoßstange, einen Gummiheckspoiler auf dem Kofferraumdeckel und 6,5 x 14 Zoll große BBS-Mahle-Aluräder. Im Innenraum dominierten Recarositze mit hohen Rückenlehnen und das Dreispeichen-M1-Lenkrad.

__Unten:__ Der BMW M535i der Baureihe E12 war für eine große Limousine erstaunlich schnell. Erstmals erhielt hier eine BMW-Limousine die „M"-Bezeichnung.

BMW 525e E28

Fertigung:	1983–1987
Motor:	6-Zylinder (Reihe), 1 oben liegende Nockenwelle, 12 Ventile, Leichtmetall-Zylinderköpfe
Bohrung x Hub:	84 mm x 81 mm
Hubraum:	2693 ccm
Leistung:	125 PS (92 kW) bei 4250 1/min
Drehmoment:	245 Nm bei 3200 1/min
Gemisch-aufbereitung:	Elektronische Benzineinspritzung Bosch Motronic
Getriebe:	5-Gang, manuell, Einscheibentrockenkupplung oder 4-Gang-Automatik
Chassis:	Selbsttragende Ganzstahlkarosserie
Aufhängung:	Vorn: McPherson-Federbeine; hinten: Schräglenker und Schraubenfedern
Bremsen:	Hydraulisch, Scheiben vorn und hinten
Fahrleistung:	max. 190 km/h; von 0 auf 100 km/h: 12,5 Sekunden

Trotz des großen Reizes, der von der Hochleistungsluxuslimousine BMW M535i ausging, wurde ihr Produktionserfolg durch die Einführung der neuen 5er-Reihe E28 im Jahr 1981 geschmälert. Auf den ersten Blick hatten die neuen Modelle große Ähnlichkeit mit den alten, doch gab es viele Detailverbesserungen. Nach einer sorgfältigen Analyse der Struktur hatte man ein Automobil geschaffen, das etwas leichter war als sein Vorgänger, aber ein besseres Crash-Verhalten aufwies, während es durch eine geschickt überarbeitete Karosserieform geringeren Luftwiderstand und niedrigeren Auftrieb bei hohem Tempo bot. Ungewöhnlich für BMW öffnete sich die früher vorn angeschlagene Motorhaube nun konventionell.

Eine neue Generation

Auch im Bereich der Fahrwerkstechnik der 5er-Reihe nahm man einige Änderungen in Details vor. So verwendete man an der Vorderachse für die Radaufhängung nun Doppelgelenk-McPherson-Federbeine mit einem kleinen positiven Lenkrollradius und Nachlaufversatz. Dies führte zu einem besseren Lenkgefühl und vermied übertriebene Rückstellkräfte nahe der Geradeausposition.

Ebenfalls neu war ein Service-Intervall-Anzeiger, bestehend aus einer Reihe von grünen, gelben und roten Lämpchen, die aufleuchteten, wenn die Inspektion der 5er notwendig war. Die computergestützte Anzeige errechnete anhand der Laufleistung die Serviceanforderungen und berücksichtigte dabei auch Kaltstarts und hohe Drehzahlen. Ein Bordcomputer – der bereits beim 7er lieferbar war – informierte zudem über den aktuellen Spritverbrauch, die voraussichtliche Reichweite, Durchschnittsgeschwindigkeit und vermutliche Ankunftszeit und war gegen Aufpreis erhältlich.

__Rechts:__ Die 5er-Reihe E28 sah der vorhergehenden E12 sehr ähnlich, war aber leichter und aerodynamischer gestylt.

__Oben:__ Der 2,8-Liter-Sechzylindermotor war eine beliebte Option – er verlieh dem BMW 528i Schnelligkeit und Fahrkultur.

Oben: *Die Styling-Veränderungen zwischen den Baureihen E12 und E28 beruhten ausschließlich auf einer Weiterentwicklung. Hier der BMW 528i E28.*

Links: *Die Baureihe E28 perfektionierte auch die Kontrollanzeigen für den Fahrer im Cockpit.*

BMW 528i E28

Fertigung:	1981–1987
Motor:	6-Zylinder (Reihe), um 30° nach rechts geneigt, 1 oben liegende Nockenwelle, 12 Ventile, Leichtmetall-Zylinderköpfe
Bohrung x Hub:	86 mm x 80 mm
Hubraum:	2788 ccm
Leistung:	184 PS (135 kW) bei 5800 1/min
Drehmoment:	245 Nm bei 4200 1/min
Gemisch-aufbereitung:	Elektronische Benzineinspritzung Bosch L-Jetronic
Getriebe:	5-Gang Getrag, manuell, hydraulische Membranfederkupplung
Chassis:	Selbsttragende Ganzstahlkarosserie
Aufhängung:	Vorn: McPherson-Federbeine; hinten: Schräglenker und Schraubenfedern
Bremsen:	Hydraulisch, Scheiben vorn und hinten
Fahrleistung:	max. 210 km/h; von 0 auf 100 km/h: 8,5 Sekunden

Zu der Zeit, als die neue 5er-Reihe in Serie ging, war BMW im Motorsport endlich in die Formel 1 aufgerückt. Renault hatte 1977 Turbomotoren in die Formel 1 eingeführt. Die frühen Versuche waren nicht gerade viel versprechend. Die unzuverlässigen Motoren mit ihrer verzögerten Gasannahme ließen für die Formel 1 wenig erwarten. Auch hatte der 1,5-Liter-Turbo-F-1-Motor keinen messbaren Leistungsvorteil gegenüber den konventionellen 3-Liter-Maschinen der Konkurrenz. Doch als man 1979 durch die Verwendung von zwei kleineren Ladern das Turboloch vermindern und mithilfe eines Ladeluftkühlers Leistung und Zuverlässigkeit verbessern konnte, machte Jean-Pierre Jabouille im Renault RS10 mit einem Sieg beim Großen Preis von Frankreich in Dijon auf die Technik aufmerksam. Bei BMW erkannte man sofort die Chance, die im Turbomotor lag.

Im neuen Sitz der BMW Motorsport GmbH in der Preußenstraße in München begann Paul Rosche an der 1,5-Liter-Turboversion des „treuen" Vierzylinders zu arbeiten. Jochen Neerpasch, den es zu Talbot zog, schlug den Verkauf des BMW-F-1-Motors an das französische Unternehmen vor. Obwohl es dazu letztlich nicht kommen sollte, wurde das Turbo-Projekt zwischenzeitlich offiziell suspendiert, und man drohte sogar jedem Mitarbeiter, der weiter an dem Motor arbeitete, die Kündigung an. Dieter Stappert aber, ein ehemaliger österreichischer Journalist, der Neerpasch als Rennleiter nachfolgte, warb um Unterstützung in der Vorstandsetage und schaffte es, den BMW-Motor zurückzubekommen (während Talbot und Partner Ligier sich um den konventionellen V12-Sauger von Matra bemühten). Stappert nahm die Entwicklungsarbeit wieder auf und handelte dann mit Bernie Ecclestone einen Vertrag über die Lieferung des Motors an dessen Team aus.

Brabham hatte sich schon immer vieler verschiedener Motoren bedient. Ron Tauranacs erste Formel-1-Wagen für Brabham wurden von einem Repco-Motor angetrieben, der auf einem US-Serien-V8 basierte. 1969 übernahm man den von Keith Duckworth entwickelten Ford-Cosworth-DFV-Motor. Der DFV-V8 wurde bis 1976 eingesetzt, als Brabham drei Saisons lang mit mäßigem Erfolg auf Alfa-Romeo-Zwölfzylinder-Boxer- und -V12-Motoren umstieg.

__Gegenüberliegende Seite, oben:__ Der „kleine" 2,3-Liter-Sechszylinder des BMW 323i verlieh diesem eine ausgewogene Mischung aus Fahrkultur und Power.

__Rechts:__ Die 6er-Reihe wurde mit einer Vielzahl von Überarbeitungen jung erhalten. Hier der 2,8-Liter-BMW-628 CSi.

Oben: *Die Benzineinspritzung brachte mehr Leistung und verbesserte die Abgaswerte wie in diesem BMW 320i E21.*

Unten: *Die zweite Generation der 3er-Reihe – hier der BMW 323i – brachte mehr Fahrkultur und die Option auf vier Türen.*

Oben: *Piquets Brabham-BMW BZ50 trägt in Monaco 1982 die Nummer 1 des amtierenden Weltmeisters.*

Der DFV kam Ende 1979 als Antrieb von Gordon Murrays BT49 zurück. In den Händen des brasilianischen Piloten Nelson Piquet erwies sich der BT49 als eines der Spitzenfahrzeuge. So siegte er beim Großen Preis der USA von 1980. Piquet gewann in jenem Jahr zwei weitere Rennen und beendete die Saison als Zweiter hinter Jones in der Fahrerwertung.

Eine Woche nach dem Ende der Formel-1-Saison von 1980 testete BMW seinen Turbomotor zum ersten Mal in Silverstone. Man nutzte die damals recht neue Computertechnologie und versah den Motor mit einem innovativen computergestützten Zünd- und Einspritzsystem, das ihm aus dem Stand zu über 550 PS verhalf. Das kombinierte System entstand in Zusammenarbeit mit Bosch und sollte später zu einem Serienmotor-Managementsystem namens Motronic weiterentwickelt werden. Trotz der eindrucksvollen Leistung, die der Turbomotor lieferte – ca. 50 PS mehr als die doppelt so großen konventionellen F-1-Sauger – basierte er immer noch auf dem Grauguss-Serienzylinderblock, der vor fast 20 Jahren im BMW 1500 eingeführt worden war. Rosches Männer fanden schnell heraus, dass die besten

Blocks für den Turbomotor nicht ganz neu, sondern einige Jahre alt waren und bereits eine ordentliche Laufleistung auf dem Buckel hatten – der Alterungsprozess schien die Spannungen des Gussmaterials aufzuheben, und daraus resultierte eine größere Zuverlässigkeit.

Zur Mitte der Saison 1981 wurde der Wagen in Silverstone öffentlichen Tests unterzogen, wo er die drittschnellste Zeit fuhr. Aber Brabham blieb in diesem Rennen und bis zum Ende der Saison bei seinem Cosworth-getriebenen Wagen. Mit diesem wurde Piquet Weltmeister, gerade einmal mit einem Punkt Vorsprung vor dem Williams-Piloten Carlos Reutemann.

Der Brabham mit BMW-Motor gab sein Debüt beim Auftakt zur WM-Saison 1982 in Südafrika, wo Piquet mit dem BT50 nach nur drei Runden crashte und Teamkollege Riccardo Patreses Wagen mit Turbodefekt liegen blieb. In Brasilien und Long Beach kehrte das Team zu Fahrzeugen mit Cosworth-Motoren zurück, aber beim Grand Prix von Belgien fuhr Piquet wieder einen Wagen mit BMW-Motor. Ferrari zog sich vom Rennen zurück, nachdem Gilles Villeneuve bei einem Trainingsunfall ums Leben gekommen war. John Watson auf McLaren errang einen traurigen Sieg, während Piquet mit dem Brabham-BMW auf Platz fünf landete.

Oben: *Der Brasilianer Nelson Piquet wurde auf Brabham zweimal F-1-Weltmeister und bescherte BMW 1983 erstmals den Titel.*

Gemischte Ergebnisse

Zwei Wochen später in Monaco fuhr Piquet wieder den Brabham-BMW, während Patrese im Cosworth saß. Obwohl er zum zweiten Mal hintereinander bei einem Rennen mit seinem Brabham von der Piste abgekommen war, gelang es Patrese, wieder aufzuholen und das Rennen zu gewinnen, weil die Renaults von René Arnoux und Alain Prost beide ausschieden, Didier Pironis Ferrari im Tunnel mit defekter Elektronik liegen blieb und Andrea de Cesaris Alfa der Sprit ausging. Auch Piquet fiel aus – das innovative Transversal-Getriebe des Brabham hielt den 49 harten Runden in Monte Carlo nicht stand.

Auch in Detroit war das Team glücklos. Piquet verfehlte die Qualifikation, während Patrese nach sechs Runden durch Unfall ausschied. Doch nur eine Woche später beim Grand Prix von Kanada in Montreal wendete sich das Blatt, wenn auch vor tragischem Hintergrund. Nachdem beim Start des Rennens Pironi in der Pole Position den Motor abgewürgt hatte, wurde Riccardo Paletti mit seinem Osella tödlich verletzt, als er den stehenden Ferrari rammte. Der Start wurde wiederholt, und Piquet gewann das Rennen, Teamkollege Patrese kam mit dem Cosworth als Zweiter ins Ziel. Beim neunten WM-Lauf, dem Großen Preis der Niederlande, lief der Brabham-BMW wieder gut und wurde Zweiter hinter Pironis Ferrari.

Oben: *Das Brabham-Team von 1983 beim Goodwood Festival of Speed. Nelson Piquet (mit grünem Jackett) steht in der Mitte, Konstrukteur Gordon Murray (mit Schnauzbart) in der hinteren Reihe.*

Gegenüberliegende Seite: *1982 führte Brabham in der F 1 Boxenstopps ein.*

Beim Großen Preis von England in Silverstone gingen beide Brabham-Fahrer mit BMW-Power ins Rennen. Patrese erreichte die zweitschnellste Zeit im Training und Piquet die drittschnellste – aber die Neuigkeit war, dass Brabham einen Boxenstopp mit Reifenwechsel und Nachtanken plante, was damals in der Formel 1 unüblich war. Die Brabhams starteten das Rennen also mit halb vollem Tank und hatten Reifen mit weicher Gummimischung aufgezo-

Rechts: *Gordon Murrays Brabham-BT53-Chassis wurde 1983 von Ehrfurcht gebietender BMW-Turbo-Power angetrieben.*

Brabham-BMW BT52

Rennsaison:	1983
Motor:	4-Zylinder (Reihe), 2 oben liegende Nockenwellen, 16 Ventile, Leichtmetall-Zylinderköpfe
Bohrung x Hub:	89,2 mm x 60 mm
Hubraum:	1499 ccm
Leistung:	ca. 600 PS (441 kW) bei 9500 1/min (über 1000 PS auf dem Prüfstand)
Drehmoment:	450 Nm bei 8500 1/min
Gemisch-aufbereitung:	Mechanische Benzin-einspritzung Bosch/ Kugelfischer KKK-Turbo-lader und Ladeluftkühler
Getriebe:	5-Gang, manuell, Ein-scheibentrockenkupplung
Chassis:	Monocoque aus Kohlefaser
Aufhängung:	Doppelquerlenker und Schraubenfedern
Bremsen:	Belüftete Stahlscheiben, später Scheiben/Beläge aus Hitco-Karbon
Fahrleistung:	max. 325 km/h; von 0 auf 100 km/h: unter 4 Sekunden

gen. Patrese wurde gleich am Start durch einen Unfall ausgeschaltet, und Piquets Wagen fiel mit Einspritzerproblemen aus, sodass es bei keinem der Fahrzeuge zu den geplanten Boxenstopps kam. Auch beim Grand Prix von Frankreich mussten beide Brabham-BMWs mit defekten Motoren aufgeben. Beim Großen Preis von Deutschland hatte Patreses Motor einen Kolbenfresser, und Piquets Fahrzeug fiel einem Crash zum Opfer, so gewann Patrick Tambay das Rennen im einzig noch übrig gebliebenen Ferrari (Pironi hatte beim Training einen schweren Unfall). Am nächsten Wochenende in Österreich fiel Patreses Motor nach 27 Runden aus, als der Italiener an der Spitze lag. Auch Piquets Wagen blieb wenige Minuten später stehen – jedoch hatten die Wagen zumindest lange genug durchgehalten, um Brabhams ersten Boxenstopp während des Rennens zu ermöglichen. Diesmal sah Elio de Angelis in seinem Lotus die schwarz-weiß karierte Flagge als Erster, dicht gefolgt von Keke Rosberg im Williams.

Beim Grand Prix der Schweiz auf dem französischen Dijon-Prenois-Kurs war Rosberg am Drücker und holte sich den Sieg. Piquet und Patrese landeten mit ihren Brabham-BMWs auf Platz vier und fünf. In Monza beherrschten die Turbos das Geschehen. René Arnoux auf Renault gewann vor den Ferraris von Tambay und Mario Andretti. Die Brabham-BMWs blieben mit Kupplungsdefekten liegen. Ziemlich entmutigt beendete das Team dieses Jahr: Im letzten Lauf in Las Vegas hatte Patrese wieder einen Kupplungsschaden, und Piquets Motor wurde von einer Zündkerze erledigt. Aus dieser unsteten Formel-1-Saison 1982, in der elf verschiedene Fahrer Rennen gewannen, ging Rosberg als Weltmeister hervor, Patrese landete auf dem zehnten und Piquet auf dem elften Platz. Brabham wurde Neunter in der Konstrukteurswertung, die von Ferrari gewonnen wurde. Hoffnung für BMW machte Corrado Fabis sechster Sieg in der Formel-2-Europameisterschaft, und es war klar, dass ein Erfolg in der Formel 1 nur eine Frage der Zeit war, wenn man die Brabhams zuverlässiger machen konnte.

Bei Brabham plante Gordon Murray für die neue Saison eine weiterentwickelte Version des BMW-getriebenen BT50. Auch wegen eines neuen Reglements mussten die Konstruk-

Unten: *Aufgrund neuer Regeln zur Reduzierung des so genannten „ground effects" musste der BT53 ohne die langen Seitenschürzen der früheren Fahrzeuge antreten.*

Unten: *Nelson Piquet führt vor dem Renault von Alain Prost in Zandvoort 1983. Später flogen beide nach einem Unfall aus dem Rennen.*

teure Änderungen einbringen. Bis dahin hatten Formel-1-Wagen mithilfe von venturiförmigen Tunneln den Luftstrom unter dem Fahrzeug genutzt, um die Traktion zu verbessern. Das neue Reglement von 1983, nach dem der Boden flach sein musste, verbot aber Venturi-Tunnel sowie Seitenschürzen, um die hohen unfallträchtigen Kurvengeschwindigkeiten zu begrenzen.

Piquet kam mit dem neuen Brabham BT52 gleich gut zurecht. Beim Großen Preis von Brasilien im März qualifizierte er sich als Vierter und gewann dann vor Weltmeister Keke Rosberg im Cosworth-Williams, der von der Pole Position ins Rennen gegangen war. Erstmals war für Brabham die Boxenstopp-Strategie aufgegangen. Rosberg tankte ebenfalls während des Rennens, wobei sein Wagen Feuer fing. Er konnte weiterfahren, wurde später aber wegen Anschiebens disqualifiziert. Zwar fiel Patreses Brabham aus, doch dafür kam ein anderer BMW-betriebener Wagen ins Ziel. Gunther Schmidts ATS-Team hatte begonnen, Münchner Motoren zu verwenden, und ein ATS-BMW-D6 konnte das Rennen bis zum Ende fahren. Der Pilot war Manfred Winkelhock, der fünf Jahre zuvor zu Neerpaschs BMW-Junior-Team gehört hatte.

Unten: *Nach 630 Tagen in der Formel 1 holte BMW den ersten WM-Titel. Piquet überquert beim Großen Preis von Südafrika als Dritter die Ziellinie – das reichte ihm, um im Brabham-BMW-BT52 Weltmeister zu werden.*

In Long Beach crashte Winkelhocks ATS und schied in der vierten Runde aus, Piquets Gaspedal klemmte in der 52. Runde, und Patreses Verteiler versagte am Ende des Rennens; trotzdem kam er noch auf den zehnten Platz. John Watson und Niki Lauda fuhren mit den

Brabham: Turbo-Weltmeister

JACK BRABHAM war der erste Fahrer, der in einem der nach ihm benannten Wagen gewann, und zwar im Grand Prix von Frankreich 1966. „Black Jack" holte im selben Jahr auch die Fahrer-Weltmeisterschaft und das Brabham-Team den Konstrukteurspokal. Der Doppelerfolg für Brabham wiederholte sich im Jahr darauf, diesmal allerdings mit dem Neuseeländer Denny Hulme als Pilot.

Brabhams Partner Ron Tauranac übernahm das Team 1970 und verkaufte die Firma im Jahr darauf an Bernie Ecclestone. Der Südafrikaner Gordon Murray wurde Chefkonstrukteur und schuf eine ganze Reihe erfolgreicher F-1-Wagen, die von Cosworth-DFV-Motoren angetrieben wurden. Sie hatten einen dreieckigen Karosseriequerschnitt, und der Kraftstofftank saß für einen günstigen Schwerpunkt des Wagens tief im Monocoque.

1976 wechselte Brabham zum massiven Zwölfzylinder-Reihenmotor von Alfa Romeo. Murray baute einen BT46B mit einem großen Gebläse am Heck, der den Wagen an die Bahn saugte. Lauda gewann damit 1978 den Großen Preis von Schweden, aber das Fahrzeug wurde sofort als unsicher verboten.

Brabham kehrte zum DFV-V8-Motor zurück und wechselte 1982 zum Turbomotor von BMW. 1987 zog sich Brabham aus der Formel 1 zurück. 1989 tauchte das Team mit dem von Sergio Rinland entworfenen BT58 wieder auf, konnte aber nicht mehr an die früheren großen Erfolge anknüpfen.

Cosworth-V8 für McLaren auf Platz eins und zwei. Die Turbos kehrten in Frankreich mit einem Sieg von Prosts Renault und einem zweiten Platz von Piquet an die Spitze zurück. Patrese und Winkelhock waren mit Motorschaden ausgeschieden. In Imola tat Piquets BMW-Motor das Gleiche, und Patrese crashte, während Winkelhocks ATS als Elfter ins Ziel kam.

Zur Saisonmitte punktete Piquet in den meisten Rennen. Der Brasilianer wurde Zweiter in Monaco, Vierter in Spa und abermals Vierter in Detroit, wo Brabham alle zum Narren hielt, da man diesmal in der Mitte des Rennens keinen Boxenstopp einlegte. Piquet gab in Kanada mit defektem Gaszug auf, kehrte in Silverstone jedoch zurück aufs Treppchen, wo er hinter Alain Prosts Renault den zweiten Platz holte, während Patrese und Winkelhock mit Motorschaden ausfielen. In Deutschland erwischte es Piquet: Ein Treibstoffleck führte zu einem Motorbrand. Aber Patrese hatte einen guten Tag und wurde Dritter.

Piquet wurde in Österreich Dritter und erlangte die Pole Position beim Großen Preis der Niederlande. Er konnte diesen Vorteil nicht verwerten, da er von Prost gerammt wurde, sodass beide aus dem Rennen flogen. Zu diesem Zeitpunkt führte Prost in der Gesamtwertung, was sich aber schon bald ändern sollte. Piquet kehrte in Monza auf das Siegertreppchen zurück und gewann auch beim Großen Preis von Europa in Brands Hatch. BMW ver-

Oben: *Nelson Piquet im Brabham BT52 in der Saison 1983, in der er seinen zweiten WM-Titel holte. In Paul Recard fuhr er zwischen den beiden Renaults nur 30 Sekunden hinter Sieger Alain Prost über die Ziellinie.*

Oben links: *Der 1,5-Liter-BMW-Turbo basierte auf einem Serienmotor.*

wendete nun einen neuen von BASF entwickelten Treibstoff. Damit waren einige der Probleme gelöst, die man früher in der Saison mit Motorschäden aufgrund von Fehlzündungen gehabt hatte, und außerdem verbesserte sich die Leistung des Vierzylinder-Turbomotors.

Prost war in Brands Hatch Zweiter geworden, und Piquet ging mit nur hauchdünnem Rückstand ins Finale in Kyalami in Südafrika. Piquet belegte hinter Tambays Ferrari Rang zwei in der Startaufstellung (Patrese gelangte auf drei), Prosts Renault musste aus der dritten Reihe starten. Piquet führte, während Prost darum kämpfte, die Brabham-BMWs einzuholen. Nach 35 Runden fiel jedoch der Turbolader seines Renault aus, und der Franzose musste aufgeben. Patrese und de Cesaris überholten Piquet, der sicher auf Platz drei fuhr, vier Punkte holte und zum zweiten Mal Weltmeister wurde. In der Konstrukteurswertung erzielte Brabham-BMW hinter den Spitzenteams Ferrari und Renault einen guten dritten Platz.

Sportliche Sparsamkeit

Abseits der Piste ging es mehr darum, Sprit zu sparen, als Leistungsschlachten zu gewinnen. Die Treibstoffpreise stiegen wieder, und Nobelkarossen standen in der Kritik, weil sie wertvolle Ressourcen verschwendeten. Wie zehn Jahre früher zur Zeit der ersten Ölkrise reagierte BMW mit einer „high-economy"-Version der 5er-Reihe, mit der man den Kunden die übliche Qualität bot, aber ohne das Stigma, das den meisten Luxusfahrzeugen zunehmend anhaftete.

Oben: *Vier Türen machten die kompakte 3er-Reihe E30 zu einer Option für Fahrenthusiasten, die ein Familienauto brauchten.*

Das neue Auto hieß 525e, wobei das e für den griechischen Buchstaben eta stand, dem physikalischen Symbol für Wirkungsgrad. Unter der Haube saß eine aufgebohrte Version des „kleinen Sechsers" aus dem 520i, der auf die Leistung der 2-Liter-Maschine gedrosselt wurde (125 PS), aber über ein deutlich höheres Drehmoment verfügte. Eine längere Gesamtübersetzung führte zu erstaunlich günstigen Verbrauchswerten. Dafür, dass es sich hier trotzdem nicht um eine „lahme Ente" handelte, sorgte der durchzugsstarke Motor.

Noch mehr Drehmoment lieferte ein anderer Motor, der 1983 in die 5er-Reihe übernommen wurde. BMW hatte schon 1975 mit der Entwicklung eines Diesels begonnen, der zweifellos als Konkurrenz für die erfolgreichen Fünfzylinder-Mittelklasse-Ölbrenner aus Stuttgart gedacht war. Zwei Versionen sollte es geben, einen eher trägen 86 PS starken 524d und einen turbogeladenen 524td mit respektablen 115 PS. Zu den „Superdiesel"-Fahrzeugen, mit denen BMW gegen Ende des Jahrhunderts aufwartete, war es jedoch noch ein weiter Weg.

Ein 518i mit Benzineinspritzung ersetzte 1984 das Vergasermodell 518, aber BMW vergaß auch die Leistungsfetischisten nicht. Der BMW 535i und der BMW M535i kamen zur selben Zeit auf den Markt und brachten die Leistung des Vorgängers M535i mit in die neue E28-Baureihe. Der 3,5-Liter-Motor unterschied sich geringfügig in seinen Abmessungen und machte den 5er mit einer Leistung von 184 PS 215 km/h schnell. Der einzige Unterschied zwischen den beiden 3,5-Liter-Modellen bestand in Karosseriekosmetik beim M-Modell.

Noch schneller als der BMW M535i war der BMW M635CSi, der mit der aus dem M1 stammenden Vierventilversion des „großen Sechsers“ bestückt war. In der Tat hatte der M635CSi sogar noch mehr Leistung als der M1; mit höherer Verdichtung und neuem Motormanagement stieg die Leistung auf sagenhafte 286 PS. Diese Serie der „Über-6er“, die auf manchen Märkten als M6 bezeichnet wurden, erwies sich als ernst zu nehmender Konkurrent für den Porsche 928 V8, hatte der BMW doch mehr Platz für die Fondpassagiere und einen deutlich günstigeren Preis als das Modell aus Zuffenhausen.

Am anderen Ende der Modellpalette hatte man bis zum Produktionsende 1982 über eine Million Fahrzeuge der 3er-Reihe E21 verkauft. Die nachfolgende 3er-Generation E30 wurde im November des gleichen Jahres eingeführt und sollte es mit der neuen Kompaktlimousine, die Mercedes-Benz gerade entwickelte, aufnehmen. Dies setzte eine deutliche Qualitätsstei-

BMW 320i E30

Fertigung:	1983–1991
Motor:	6-Zylinder (Reihe), 1 oben liegende Nockenwelle, 12 Ventile, Leichtmetall-Zylinderköpfe
Bohrung x Hub:	80 mm x 66 mm
Hubraum:	1990 ccm
Leistung:	125 PS (92 kW) bei 5800 1/min
Drehmoment:	174 Nm bei 4000 1/min
Gemisch-aufbereitung:	Elektronische Benzineinspritzung Bosch L-Jetronic
Getriebe:	5-Gang, manuell, Einscheibentrockenkupplung
Chassis:	Selbsttragende Ganzstahlkarosserie
Aufhängung:	Vorn: McPherson-Federbeine; hinten: Schräglenker und Schraubenfedern
Bremsen:	Hydraulisch, Scheiben vorn und hinten
Fahrleistung:	max. 200 km/h; von 0 auf 100 km/h: 10 Sekunden

Links: Der E30-Zweitürer stand am Anfang einer Reihe von Karosserievarianten.

Links: Das Baur-Cabrio war der erste offene E30er. Jahre zuvor hatte Baur bereits offene Versionen der 02er-Reihe gebaut.

Oben: Der M5 besaß ein ebenso funktionelles Cockpit wie die anderen E28-Modelle.

Rechts: Sehr diskret – der „M5"-Schriftzug an Front und Heck.

BMW M5

Fertigung:	1985–1987
Motor:	6-Zylinder (Reihe), um 30° nach rechts geneigt, 2 oben liegende Nockenwellen, 24 Ventile, Leichtmetall-Zylinderköpfe
Bohrung x Hub:	93,4 mm x 84 mm
Hubraum:	3453 ccm
Leistung:	286 PS (210 kW) bei 6500 1/min
Drehmoment:	347 Nm bei 4500 1/min
Gemisch-bereitung:	Elektronische Benzineinspritzung Bosch Motronic
Getriebe:	5-Gang Getrag, manuell, Einscheibentrocken-kupplung
Chassis:	Selbsttragende Ganzstahlkarosserie
Aufhängung:	Vorn: McPherson-Federbeine; hinten: Schräglenker und Schraubenfedern
Bremsen:	Hydraulisch, Scheiben vorn und hinten
Fahrleistung:	max. 245 km/h; von 0 auf 100 km/h: 7 Sekunden

gerung gegenüber der Baureihe E21 voraus. Eine breitere Spur und veränderte Hinterachsgeometrie neutralisierten die aus der Baureihe E21 bekannte gelegentliche Neigung zum Übersteuern, und auch hinsichtlich einiger anderer Aspekte stellte die Baureihe E30 eine erhebliche Weiterentwicklung ihrer Vorgängerin dar. Der neue 3er war in den Abmessungen fast identisch mit dem Vorgänger und kam mit einer ähnlichen Motorisierung – vom 1,6-Liter-Vierzylinder mit Vergaser bis zum 2,3-Liter-Sechser mit Einspritztechnik – daher.

Der Turbo übernimmt die Formel 1

In der Formel 1 blieb Nelson Piquet auch 1984 bei Brabham, Patrese ging jedoch zu Alfa Romeo und wurde durch Teo Fabi ersetzt, der die eine Hälfte der Saison im Brabham-BMW und die andere in einem CART-Lola saß. ATS war immer noch mit BMW-Motoren unterwegs, und im Lauf der Saison sollten diese auch im Heck von Arrow-F1-Wagen auftauchen, die von dem Belgier Thierry Boutsen und dem früheren BMW-Junior-Team-Piloten Marc Surer bewegt wurden. Zu dieser Zeit hatten alle Teams außer Tyrell Turbomotoren im Fahrzeug oder in der Entwicklung. McLaren nutzte einen TAG-Porsche-Motor, Williams setzte auf Honda-Motoren und Lotus auf den Turbo-V6 von Renault. Noch nie hatte es so viele Turbos gegeben, und es entbrannte ein harter Konkurrenzkampf unter den Konstrukteuren.

Brabham-BMW erlebte in der Saison 1984 einen Fehlstart, denn beide Wagen fielen in Brasilien nach 32 Runden mit Motorproblemen aus. Beim Großen Preis von Südafrika führte Piquet 19 Runden lang, bis der Turbolader bei seinem BMW-Motor versagte (Fabi erging es ebenso). Weitere Ausfälle gab es in Zolder, wo Boutsens Debüt im Arrows-BMW A7 durch eine Fehlzündung verkürzt wurde. Piquet startete in Imola aus der ersten Reihe, aber Arrows, ATS und Brabham erlitten allesamt Turboschäden. Im nächsten Rennen, dem Grand Prix von Frankreich in Dijon, war Fabis Brabham mit einem bescheidenen neunten Platz noch der beste unter den Wagen mit BMW-Antrieb.

Alain Prost gewann den aufgrund von Regen abgebrochenen Grand Prix von Monaco, in dem die Wagen von ATS und Brabham aufgaben – und die Arrows sich erst gar nicht qualifiziert hatten. Nach sechs Läufen hatten die mit BMW-Motoren ausgerüsteten Teams noch keinen Punkt erzielt, aber zwei Wochen später in Kanada sorgte Piquet dafür, dass sich das änderte, und fuhr zu einem ungefährdeten Start-Ziel-Sieg. Winkelhock wurde in seinem ATS Achter. In Detroit dominierte Piquet abermals, Teo Fabi wurde Vierter, rückte dann jedoch auf die dritte Position nach, als Martin Brundle aufgrund der Disqualifikation seines Tyrells den zweiten Platz verlor.

Der nächste Grand Prix in Dallas war für BMW weniger erfolgreich. Corrado Fabi, der für seinen Bruder Teo einsprang, weil dieser sich für ein CART-Rennen verpflichtet hatte, wurde mit einem Brabham Sechster. Hinter ihm kam Winkelhock als Siebter ins Ziel, aber Piquets Brabham und beide Arrows schieden aus. Beim Großen Preis von England wurde Piquet Siebter, während sich der Sieger, der McLaren-TAG von Lauda, als Anwärter auf die Weltmeisterschaft herausstellte. Prosts McLaren siegte in Hockenheim, nachdem der führende Piquet mit Getriebeschaden ausgefallen war. Die McLaren von Lauda und Prost sollten auch die restlichen WM-Läufe des Jahres gewinnen. Die besten Ergebnisse für BMW waren Piquets zweiter Platz in Österreich und sein dritter Platz auf dem Nürburgring. Der Brasilianer startete in den letzten drei Rennen jedes Mal aus der Pole Position. Weltmeister wurde Lauda mit einem halben Punkt Vorsprung auf Prost. Piquet landete auf Platz fünf, obwohl er während der laufenden Saison öfter in Führung gelegen hatte als der neue Weltmeister.

1985 kam der Österreicher Gerhard Berger zu Thierry Boutson im Arrows-BMW-Team, und im Brabham-Team – nun auf Pirelli-Reifen unterwegs – gesellte sich François Hesnault zu Nelson Piquet. Doch die Saison startete kaum besser als die vergangene – ohne einen einzigen Punkt für BMW in den ersten beiden Rennen. Der dritte WM-Lauf in Imola lief besser, Boutsen wurde Dritter im Arrows und rückte dann auf den zweiten Platz nach, als Alain

BMW 518i E28

Fertigung:	1984–1987
Motor:	4-Zylinder (Reihe), um 30° nach rechts geneigt, 1 oben liegende Nockenwelle, 8 Ventile, Leichtmetall-Zylinderköpfe
Bohrung x Hub:	89 mm x 71 mm
Hubraum:	1766 ccm
Leistung:	105 PS (77 kW) bei 5800 1/min
Drehmoment:	148 Nm bei 4500 1/min
Gemischaufbereitung:	Bosch-L-Jetronic-Einspritzpumpe
Getriebe:	4- oder 5-Gang, manuell, Einscheibentrockenkupplung
Chassis:	Selbsttragende Ganzstahlkarosserie
Aufhängung:	Vorn: McPherson-Federbeine; hinten: Schräglenker und Schraubenfedern
Bremsen:	Hydraulisch, Scheiben vorn und hinten
Fahrleistung:	max. 180 km/h; von 0 auf 100 km/h: 12,5 Sekunden

Oben: *Die Fülle der Kontrollanzeigen und Bedienungselemente war für den Fahrer der 7er-Reihe ergonomisch angeordnet.*

Links: *Die 7er-Reihe konnte mit den Verkaufszahlen der E- und S-Klasse von Mercedes-Benz durchaus mithalten.*

BMW 524td E28 (US-Version)

Fertigung:	1985–1987
Motor:	6-Zylinder (Reihe) Diesel, 1 oben liegende Nockenwelle, 12 Ventile, Leichtmetall-Zylinderköpfe
Bohrung x Hub:	80 mm x 81 mm
Hubraum:	2443 ccm
Leistung:	115 PS (85 kW) bei 4800 1/min
Drehmoment:	214 Nm bei 2400 1/min
Gemisch-aufbereitung:	Elektronische Benzineinspritzung Bosch
Getriebe:	4-Gang-ZF-Automatik, Einscheibentrockenkupplung
Chassis:	Selbsttragende Ganzstahlkarosserie
Aufhängung:	Vorn: McPherson-Federbeine; hinten: Schräglenker und Schraubenfedern
Bremsen:	Hydraulisch, Scheiben vorn und hinten
Fahrleistung:	max. 148 km/h; von 0 auf 100 km/h: 11 Sekunden

__Oben:__ Dieselmotoren kamen bei BMW in den 1980er-Jahren auf. Der BMW 524td war nicht so schnell wie seine „Brüder" mit Benzinmotor, ermöglichte aber dennoch flottes Fahren.

Prosts siegreicher McLaren disqualifiziert wurde. Prost gewann in Monaco, wo Hesnault im Brabham sich nicht einmal qualifizieren konnte. Surer übernahm den zweiten Brabham in Montreal, wo alle Wagen mit BMW-Motor einmal mehr punktlos blieben. In Detroit qualifizierte sich Surer als Elfter direkt hinter Piquet und beendete das Rennen als Achter, Piquet als Sechster, und dazwischen landete Boutsens Arrows-BMW auf dem siebten Rang.

Wider alle Erwartungen gewann Piquet den Grand Prix von Frankreich im Juli in Paul Recard und verhalf so Pirelli zum ersten F-1-Erfolg seit Monza 1957 und BMW zum ersten Grand-Prix-Sieg seit Detroit im Jahr zuvor. Für Brabham und BMW war es das Glanzlicht in einem enttäuschenden Jahr, in dem Piquet nur noch für eine Pole Position in Zandvoort und einen zweiten Platz in Monza sorgte.

Auf der Straße zeigte sich BMW deutlich erfolgreicher. Der 24-Ventilmotor aus dem M635CSi wurde in die 5er-Reihe integriert, und es entstand der mächtige M5, in dem sich dank des niedrigen Karosseriegewichts der Limousine die 286 PS besser als im 6er entfalten konnten. Der M5 lief problemlos über 240 km/h und erreichte sie zügig, war trotzdem fügsam im Verkehr und problemlos in der Lage, fünf Personen plus Gepäck von einem Ende eines Kontinents zum anderen zu befördern. Detailarbeit am Fahrwerk ergab ein außerordentlich präzises Handling, ohne die unerwarteten Heckausbrecher und das Achsentrampeln beim stehenden Start, die für den M535i noch typisch waren.

Das nächste M-Automobil war von ganz anderer Natur – für Tourenwagenrennen und nicht für die Straße entworfen, wurde es von einer weiteren Evolutionsstufe des bekannten M12-Vierzylinders befeuert. BMW zog sich aus der Formel 1 zurück. Man hatte erreicht, was man wollte, auch wenn es nur vereinzelt neue Siege gegeben hatte. Stattdessen widmete man sich wieder dem seriennäheren Rennsport, und eine ganze neue Generation sollte BMW-Automobile dort sehen, wo sie hingehören – an der Spitze des Rudels.

Links: *Der von Paul Rosche entwickelte 24-Ventilmotor für Langstreckenrennen machte die 6er-Reihe und darin den BMW M635CSi zu einer ernsthaften Konkurrenz für den Porsche 928.*

Paul Rosche – der Mann der Motoren

PAUL ROSCHE wurde 1934 in München geboren, absolvierte sein Ingenieurstudium an der Münchner TU und kam 1957 in Alexander von Falkenhausens Abteilung für Motorenentwicklung. Rosche arbeitete an den Straßen- und Rennmotoren der 1960er-Jahre und wurde Mitglied des „Untergrund-Rennteams", das nach dem Rückzug des Werkes BMW-Motoren inoffiziell in der Formel 2 zum Einsatz brachte. Nachdem sich BMW bei Tourenwagenrennen, in der Formel 2 und später auch in der Formel 1 einen Namen gemacht hatte, wurde Rosche zu einem häufigen Gast auf den europäischen Rennstrecken.

1975 wurde Rosche Geschäftsführer der BMW Motorsport GmbH und führte das Entwicklungsprogramm für Rennsportmotoren weiter. Rosche initiierte das Projekt der Formel-1-Turbo- und später der M3-Rennmotoren. Er war auch der Architekt des Ehrfurcht gebietenden 627-PS-V12-Motors, mit dem der McLaren-F1-Wagen die Weltrekordgeschwindigkeit von 386 km/h erreichte. Rosche entwickelte BMW-Motoren, bis er 1999 in Pension ging – kurz zuvor hatte er noch den E41-3,0-Liter-V10-Motor für den neuen Grand-Prix-Wagen von BMW-Williams fertig gestellt. Sein Nachfolger wurde Dr. Werner Laurenz, der zuvor bei Audi tätig gewesen war.

Oben: *Paul Rosche leitete die BMW-Motorenentwicklung.*

Links: *Paul Rosche (links) mit Nelson Piquet (im Fahrzeug) und Dr. Mario Theissen von BMW beim „Goodwood Festival of Speed" im Juli 2003 mit dem BT52, dem Weltmeisterschaftsfahrzeug von 1983.*

Oben: *Der 24-Ventil-Reihensechszylinder im BMW M635CSi stammte von den Rennmotoren der CSL ab.*

Links: *Der BMW M635CSi bot die Leistung eines Sportwagens und Platz für vier Personen.*

BMW M635CSi

Fertigung:	1983–1989
Motor:	6-Zylinder (Reihe), um 30° nach rechts geneigt, 2 oben liegende Nockenwellen, 24 Ventile, Leichtmetall-Zylinderköpfe
Bohrung x Hub:	93,4 mm x 84 mm
Hubraum:	3453 ccm
Leistung:	286 PS (210 kW) bei 6500 1/min
Drehmoment:	347 Nm bei 4500 1/min
Gemisch-aufbereitung:	Elektronische Benzineinspritzung Bosch Motronic
Getriebe:	5-Gang ZF, manuell, Einscheibentrockenkupplung
Chassis:	Selbsttragende Ganzstahlkarosserie
Aufhängung:	Vorn: McPherson-Federbeine; hinten: Schräglenker und Schraubenfedern
Bremsen:	Hydraulisch, Scheiben vorn und hinten
Fahrleistung:	max. 250–255 km/h; von 0 auf 100 km/h: 6,5–7 Sekunden

TELECOM
Rothmans

DER WEG ZUR SPITZE
1985–1994

Vorhergehende Seiten: *Bernard Beguin gewann die Korsika-Rallye 1987 in einem Prodrive-M3.*

Oben: *Beim Goodwood Festival of Speed kehrte Marc Surer ins Cockpit des Arrows-BMW A8 zurück.*

BMW HATTE in den späten 1970er- und frühen 1980er-Jahren einige eindrucksvolle Straßenfahrzeuge entwickelt. Besonders der M5 besaß den Ruf eines praktischen, komfortablen Automobils mit außergewöhnlichen Fahrleistungen und Fahrkultur. Das nächste spektakuläre Produkt aus München hatte eine andere Ausrichtung: Es war nicht für schnelle Autobahnfahrten ausgelegt, sondern als reines Homologationsspezialmodell für den Motorsport und sollte ausschließlich als Basis für eine Serien-Rennlimousine dienen.

Ein Prototyp wurde mit dem 3,5-Liter-24-Ventil-Motorsport-Triebwerk aus dem BMW M635CSi und dem M5 gebaut, das man in einen 3er-Motorraum zwängte. Doch der zwar kraftvolle, aber schwere „große Sechser" erhöhte das Gewicht auf der Vorderachse, was das Handling des kompakten E30 verschlechterte. Also produzierte Paul Rosches Team einen neuen 16-Ventilmotor, eine verkürzte Version des „großen Sechsers", der auf dem bewährten M12-Block mit einem 16-Ventilkopf basierte und im Wesentlichen aus zwei Dritteln des Zylinderkopfs des M635CSi bestand. Mit denselben Maßen von Bohrung und Hub wie der 3,5-Liter-Sechser hatte der neue Vierzylindermotor einen Hubraum von 2,3 Litern und produzierte in einer ersten Version 200 PS. Als klar wurde, dass Autos mit Katalysator große Steuervorteile genießen sollten, entwickelte BMW rasch eine Kat-Version, die immer noch 195 PS leistete und einen kaum messbaren Drehmomentverlust aufwies. In dieser Version lief die neue Motorsport-3er-Serie, die – wie nicht anders zu erwarten – M3 hieß, 230 km/h.

Der BMW M3 war jedoch mehr als nur ein 3er mit einem Sportmotor. Das Chassis wurde von einem Team unter der Leitung von Thomas Ammerschläger komplett überarbeitet.

BMW M3 E30

Fertigung:	1986–1990
Motor:	4-Zylinder (Reihe), 2 oben liegende Nockenwellen, 16 Ventile, Leichtmetall-Zylinderkopf
Bohrung x Hub:	93,4 mm x 84 mm
Hubraum:	2302 ccm
Leistung:	200 PS (146 kW) bei 6750 1/min
Drehmoment:	230 Nm bei 4600 1/min
Gemisch-aufbereitung:	Elektronische Benzineinspritzung Bosch Motronic
Getriebe:	5-Gang-Getrag, manuell, Einscheibentrockenkupplung
Chassis:	Selbsttragende Ganzstahlkarosserie
Aufhängung:	Vorn: McPherson-Federbeine; hinten: Schräglenker und Schraubenfedern
Bremsen:	Hydraulisch, Scheiben vorn und hinten
Fahrleistung:	max. 235 km/h; von 0 auf 100 km/h: 7,1 Sekunden

Oben links: *Ein leistungsstarker 16-Ventiler und ein geschmeidiges Handling machten den M3 zu einem starken Straßenfahrzeug und einer hervorragenden Basis für den Motorsport.*

Ammerschläger hatte zuvor bei Zakspeed an den Rennturbo-Capris und bei Audi an den Allrad-Quattros mitgewirkt. Die wichtigsten Veränderungen bestanden in härteren Federn, Doppelrohrgasdruckdämpfern sowie einem verstärkten Stabilisator hinten. Es gab modifizierte Aufnahmepunkte für den vorderen Stabilisator und mehr Nachlauf für eine höhere Präzision der direkten Lenkung. Achsschenkel aus der 5er-Reihe E28 ermöglichten die Verwendung größerer Radlager. Die Kraftübertragung wurde durch ein ZF-Sperrdifferenzial, eine verstärkte Kupplung und eine robuste Getrag-Getriebebox aufgewertet – außer in den USA, wo man das 325i-Sportgetriebe verwendete.

Als Karosserie des M3 wählte man eine abgewandelte Version der leichteren zweitürigen Karosserie aus der 3er-Reihe. Offensichtliche Änderungen waren der tief gezogene Frontspoiler, der Flügel auf dem Kofferraumdeckel sowie die breiten Radkästen, zu den weniger auffälligen Details gehörten die höhere Linie des Kofferraumdeckels und die flache Linie des Heckfensters, was beides die Aerodynamik bei Renntempo verbesserte.

Der M3 wurde 1985 auf der IAA in Frankfurt vorgestellt, die Produktion startete 1986, doch auf sein Rennsportdebüt musste er bis 1987 warten. Währenddessen lief der BMW-Turbomotor weiterhin erfolgreich in der Formel 1 und kam dort 1986 in einer größeren Anzahl von Wagen zum Einsatz. Nelson Piquet hatte zu Williams-Honda gewechselt, und Riccardo Patrese war zu Brabham zurückgekehrt, wo er auf den Italiener Elio de Angelis, vormals bei Lotus, als Partner stieß. Gordon Murrays jüngstes Chassis, der BT55, war ein extrem flacher Entwurf, in dem der Vierzylinder-BMW-Motor um 72° geneigt war, um den Schwerpunkt des Wagens tief zu halten und die gesamte Aerodynamik zu optimieren. Das Konzept brachte aber auch zwei Probleme mit sich: zunächst mit dem schräg stehenden Getriebe und später – aufgrund des geneigten Motors – mit der Ölleitung.

Gegenüberliegende Seite: *Ab 1987 fuhr – und gewann – der M3 Tourenwagenrennen auf der ganzen Welt.*

BMW M3 (Tourenwagen-Weltmeisterschaft)

Rennsaison:	1987
Motor:	4-Zylinder (Reihe), 2 oben liegende Nockenwellen, 16 Ventile, Leichtmetall-Zylinderkopf
Bohrung x Hub:	93,4 mm x 84 mm
Hubraum:	2302 ccm
Leistung:	320 PS (234 kW) bei 8200 1/min
Drehmoment:	keine Angaben
Gemisch-aufbereitung:	Elektronische Benzineinspritzung Bosch Motronic
Getriebe:	5-Gang-Getrag, manuell, Einscheibentrockenkupplung
Chassis:	Selbsttragende Ganzstahlkarosserie
Aufhängung:	Vorn: McPherson-Federbeine; hinten: Schräglenker und Schraubenfedern
Bremsen:	Hydraulisch, Scheiben vorn und hinten
Fahrleistung:	max. 282 km/h; von 0 auf 100 km/h: ca. 5 Sekunden

Arrows hatte in seinen A8, die von Marc Surer und Thierry Boutsen gefahren wurden, „aufrecht stehende" BMW-Turbomotoren eingebaut. Toleman war aufgekauft und in Benetton umbenannt worden. Die Piloten Gerhard Berger und Teo Fabi genossen BMW-Power in ihren Benetton B186 und fuhren beim Auftakt in Brasilien die ersten Punkte für BMW-Motoren ein: Berger wurde zwei Runden hinter dem Sieger-Williams von Piquet Sechster. Beide Benetton punkteten in Spanien, und Berger wurde Dritter in San Marino, wo Patrese trotz fast leerem Tank noch auf dem sechsten Platz landete. In Frankreich hatte das Brabham-Team einen schweren Schlag zu verkraften: Bei einer Testfahrt in Paul Ricard überschlug sich de Angelis im Brabham BT55 auf einem 275 km/h schnellen Abschnitt. Der Brabham geriet in

Links: Anfang der 1990er-Jahre nahmen verschiedene Teams erfolgreich mit dem M3 an der Britischen Tourenwagen-Meisterschaft teil. Zu den BMW-Fahrern gehörten Frank Sytner, Jeff Allam, Lawrence Bristow und Jerry Mahoney.

Gegenüberliegende Seite: Beim M3 „Sport Evolution" hatte man zahlreiche Überarbeitungen vorgenommen, um die Leistung der Rennsport-M3 zu verbessern.

Oben: Roberto Ravaglia gewann mit seinem M3 die Europameisterschaft von 1988.

Brand, und acht Minuten vergingen, bis de Angelis aus dem Wrack geborgen werden konnte. Er wurde mit dem Hubschrauber in ein Krankenhaus nach Marseille geflogen, doch es war zu spät. Der sympathische und talentierte Italiener starb am nächsten Tag.

Beim nächsten Grand Prix im belgischen Spa fuhr Patrese allein für Brabham und kam als Achter hinter Fabis Benetton und knapp vor Surers Arrows sowie Bergers Benetton ins Ziel. Derek Warwick übernahm den zweiten Brabham in Montreal, wo jedoch alle BMW-Fahrer aufgeben mussten. Beim Großen Preis von Österreich erhöhte das Benetton-Team den Ladedruck der BMW-Turbos, was Fabi und Berger in die erste Startreihe brachte. Die BMW-Maschinen entwickelten im hoch geladenen „Test-Trimm" über 1000 PS; ihre Lebensdauer war dann allerdings nur noch eine Frage von Minuten. Paul Rosche verriet, dass man auf dem Prüfstand in der Preußenstraße bis zu 1250 PS gemessen hatte – vielleicht wäre sogar noch mehr möglich gewesen, aber die Skala des Dynamometers ging nicht weiter. Mit einem niedrigeren Ladedruck im Rennen führte Berger in den ersten Runden, wurde am Ende jedoch nur Siebter hinter Christian Danner in einem der Arrows. Berger machte in Monza Platz fünf, wo Fabi nochmals die Pole Position erreicht hatte. Als der F-1-Zirkus zum ersten Mal seit 1970 nach Mexiko zurückkehrte, gab es weit mehr Grund zum Jubeln. Berger kam mit einer halben Minute Vorsprung vor Prosts McLaren ins Ziel, um seinen (und Benettons) ersten Grand-Prix-Sieg zu feiern. Auf die andere Seite der Erfolgsskala schlug das Pendel in Australien aus. Die Benetton hatten im Training schwer zu kämpfen, und Fabi kam als Bester von ihnen mit fünf Runden Rückstand als Zehnter ins Ziel.

Bergers Sieg sollte der letzte für die BMW-Turbos in der Formel 1 sein, da die Konkurrenten, zuerst TAG/Porsche und später dann Honda, die Führung in der höchsten Motorsportklasse übernahmen. 1987 machte Brabham mit BMW-Motoren noch mit geringem Erfolg weiter, während Arrows Motoren des Schweizer Konstrukteurs Henri Mader unter dem Megatron-Label laufen ließ, bis es Ende 1988 mit der Ära des „Turbos" ein Ende hatte.

Der M3 auf der Piste

Der BMW M3 kam 1987 bei der Tourenwagen-Europameisterschaft zu seinem Wettbewerbsdebüt. Die untermotorisierten europäischen Serienfahrzeuge bescherten Winni Vogts Werks-M3 einen leichten Sieg. Die Weltmeisterschaft erwies sich dann schon als härterer Brocken,

Gegenüberliegende Seite: Das M3-Cabriolet wurde aufgrund der Käufernachfrage gebaut und hatte keine Wettbewerbsfunktion.

„Art Cars": Kunst und Motorsport

DER FRANZÖSISCHE Auktionator und Rennfahrer Hervé Poulain initiierte das „Art-Car"-Phänomen. 1975 erschien er beim 24-Stunden-Rennen von Le Mans mit einem BMW 3,0 CSL, der von dem Maler und Bildhauer Alexander Calder in ein mobiles Kunstwerk verwandelt worden war. Von der begeisterten Aufnahme des farbenfrohen CSL ermutigt, gab BMW weitere Art Cars in Auftrag. Im Jahr darauf dekorierte Motorsport-Fan und Vertreter der Minimal Art Frank Stella den Turbo CSL mit einem grafischen Muster, und 1977 gab Roy Lichtenstein die Landschaft wieder, die ein Gruppe-5-BMW-320 durchfuhr: „Man könnte es als Auflistung all der Dinge bezeichnen, die ein Automobil erlebt", erläuterte er sein Werk. „Der Unterschied ist, dass dieses Fahrzeug das alles widerspiegelt, bevor es auf der Straße ist."

Bis dahin wurden alle Entwürfe auf maßstabgetreuen Modellen geschaffen und dann von künstlerischen Assistenten auf die Fahrzeuge übertragen. Als Pop-Art-Legende Andy Warhol einen M1 dekorieren sollte, bemalte er das ganze Fahrzeug jedoch selbst. Der Wagen wurde 1979 in Le Mans Sechster.

1982 griff das Kunstkonzept auf Straßenfahrzeuge mit einem feurigen Design von Ernst Fuchs auf einem M 635 CSi über – im kompletten Gegensatz zum nächsten Art Car, erneut einem BMW M635 CSi, dem von Robert Rauschenberg 1986 eine „antike" Anmutung verliehen wurde. 1989 bemalte Ken Done einen Rennsport-M3 schwungvoll in leuchtenden Farben, die, wie der Australier sagte, „Schönheit und Geschwindigkeit" ausdrücken sollten. Michael Jagamara Nelson dekorierte einen M3 im Stil der Kunst der Aborigenes. Im folgenden Jahr ließen sich César Manrique und Matazo Kayama von BMW-Automobilen inspirieren. 1991 war Esther Mahlangu die erste Frau, die ein Art Car dekorierte und zwar einen BMW 525i mit afrikanischen Ndebele-Mustern, während die Szenen auf A. R. Pencks Z1 an Höhlenmalereien erinnerten.

1992 übersäte Sandro Chia einen M3-Tourenwagen der Reihe E36 mit Gesichtern und Augen.

Die neuesten Art Cars sind ein BMW 850 CSi und ein V12-LMR-Rennsportwagen. David Hockney bemalte den 850 CSi mit einer stilisierten Darstellung des Fahrzeuginneren. Jenny Holzer verkündete auf einem Rennsportwagen Botschaften wie zum Beispiel „Schütze mich vor dem, was ich will" – in ironischem Gegensatz zu den herkömmlichen Werbeaufschriften, womit die Art Cars wieder zu Rennwagen für Le Mans zurückkehrten.

Oben: *„Art Cars" bei einer Ausstellung 2002. Von links nach rechts: Alexander Calders BMW 3,0 CSL, Frank Stellas BMW Turbo CSL und Roy Lichtensteins Gruppe-5-BMW-320. Auch Andy Warhol und David Hockney gehörten zu den ausgestellten Künstlern.*

Rechts: *Der BMW 750iL von 1987 war mit dem neuen V12-Motor ausgerüstet, einem damals äußerst ungewöhnlichen Motor.*

BMW 850i

Fertigung:	1989–1992 (andere Modelle der 8er-Reihe bis 1999)
Motor:	V12, 2 x 1 oben liegende Nockenwelle, 24 Ventile, Leichtmetall-Zylinderkopf
Bohrung x Hub:	84 mm x 75 mm
Hubraum:	4988 ccm
Leistung:	300 PS (220 kW) bei 5200 1/min
Drehmoment:	459 Nm bei 4100 1/min
Gemisch-aufbereitung:	Elektronische Benzineinspritzung Bosch Motronic
Getriebe:	6-Gang, manuell oder 4-Gang-Automatik (ZF)
Chassis:	Selbsttragende Ganzstahlkarosserie
Aufhängung:	Vorn: McPherson-Federbeine; hinten: Mehrlenkerachse und Schraubenfedern
Bremsen:	Hydraulisch, Scheiben vorn und hinten
Fahrleistung:	250 km/h; von 0 auf 100 km/h: 6,8 Sekunden

***Oben links:** Das Erscheinen der 8er-Reihe bedeutete für die BMW-Coupés einen weiteren Schritt in Richtung Premiumhersteller.*

da Ford mit den turbogeladenen Sierra Cosworth des Schweizer Tuning-Experten Eggenberger ins Rennen ging. Trotz des Fahrtalents des Tourenwagenexperten Roberto Ravaglia und der zukünftigen F-1-Piloten Ivan Capelli, Emmanuele Pirro und Roland Ratzenberger konnten die BMW M3 nicht hoffen, die Leistung der 500-PS-Cosworth zu erreichen. Das Interesse konzentrierte sich deshalb auf die Europameisterschaft von 1988, in der sich die BMW M3 gegen Fords „Evolution"-Sierra-Cosworth, den RS 500, behaupten mussten – er wurde so bezeichnet, weil nach den „Evolution"-Bestimmungen der Bau von 500 Fahrzeugen verlangt wurde. Genauso produzierte BMW 505 „Evolution"-Modelle des BMW M3 mit größeren aerodynamischen Hilfen und leichteren Verkleidungen sowie danach 501 Exemplare eines „Evolution-II"-Modells mit einem höher verdichtenden Motor, der 220 PS leistete. Ravaglia holte 1988 die Europameisterschaft, und BMW feierte das mit einer „Europameister"-Spezialedition eines straßentauglichen BMW M3.

Ein BMW M3 „Sport Evolution" oder „Evolution III" folgte 1990 mit einer ganzen Reihe weiterer Veränderungen zur Verbesserung der Rennsportmodelle: Der Motor wurde aufgebohrt, sodass der Hubraum 2467 ccm und die Höchstleistung in der Straßenversion 238 PS bei 7000 1/min betrug; der Wagen besaß zudem verstellbare aerodynamische Hilfen an Front und Heck. Zu jener Zeit wetteiferten hunderte BMW M3 in der Gruppe A weltweit um Tourenwagen-Meisterschaften. Am härtesten gekämpft wurde dabei in Deutschland (wo Johnny Cecottos Schnitzer-M3 im Jahr 1990 Zweiter wurde und Steve Sopers Bigazzi-M3

***Oben:** Der 5-Liter-V12-Motor verlieh dem BMW 850i 300 PS und große Laufruhe.*

BMW Z1

Fertigung:	1988–1991
Motor:	6-Zylinder (Reihe), 1 oben liegende Nockenwelle, 12 Ventile, Leichtmetall-Zylinderkopf
Bohrung x Hub:	84 mm x 75 mm
Hubraum:	2494 ccm
Leistung:	170 PS (125 kW) bei 5800 1/min
Drehmoment:	226 Nm bei 4300 1/min
Gemisch-aufbereitung:	Elektronische Benzineinspritzung Bosch Motronic
Getriebe:	5-Gang, manuell, Einscheibentrockenkupplung
Chassis:	Selbsttragendes Stahlblechrahmengerüst mit eingeklebtem Kunststoffboden und Verkleidung aus Kunststoffteilen
Aufhängung:	Vorn: McPherson-Federbeine; hinten: Längslenker unten, Querlenker oben, Schraubenfedern
Bremsen:	Hydraulisch, Scheiben vorn und hinten
Fahrleistung:	max. 220 km/h; von 0 auf 100 km/h: 9 Sekunden

__Oben und rechts:__ Der BMW Z1 Roadster erregte bei seinem Erscheinen großes Aufsehen. Er brachte Innovationen wie versenkbare Türen und eine Kunststoffverkleidung.

M JW 6787

Oben: *Durch Nachhomologation blieb der M3 in Tourenwagenrennen lange wettbewerbsfähig. Hier Steve Soper 1991 in Donington.*

Rechts: *Im Vic-Lee-M3 siegte Will Hoy 1991 bei der Britischen Tourenwagenmeisterschaft. 2002 starb Hoy an einem Gehirntumor.*

1991 den Titel holte) sowie in England (wo Will Hoy 1991 in einem Vic-Lee-Motorsport-M3 die Meisterschaft gewann).

Der M3 hatte seine Wandlungsfähigkeit auch durch einen Sieg in einem Rallye-WM-Lauf bewiesen. Prodrive-Pilot Dave Richards, ehemaliger Rallye-Copilot und späterer Chef des BAR-F-1-Teams, überredete die BMW Motorsport GmbH zur Teilnahme mit einem Rallye-M3. Das beste Ergebnis wurde 1987 erzielt, als Bernard Beguin die Korsika-Rallye gewann. Später saß Marc Duez bei Rallye-Europameisterschaften zwar oft am Steuer des besten Fahrzeugs mit Zweiradantrieb, fuhr aber einer Schar von Allradautos erfolglos hinterher.

Während sich die BMW Motorsport GmbH anderen Wettbewerbsbereichen zuwandte, stellten die Konstrukteure von BMW-Straßenfahrzeugen gerade die Nachfolgerin der 7er-Limousine fertig, die seit 1977 das Flaggschiff der Münchener gewesen war. Die neue 7er-Reihe E32 spiegelte die Welle der enormen aerodynamischen Verfeinerung wider, von der die Automobilindustrie in den frühen 1980er-Jahren erfasst wurde. Die Baureihe E32 war etwas breiter, aber niedriger als die ursprüngliche 7er-Reihe und mit einer niedrigeren Nase und abgeflachten C-Säulen sorgfältig abgestimmt, was dazu beitrug, den Luftwiderstandsbeiwert von 0,42 der alten 7er auf 0,32 zu reduzieren. Die Aufhängung wurde von der vorhergehenden Baureihe übernommen, und die Motorenauswahl ähnelte mit einer 3-Liter- und einer 3,5-Liter-Version des „großen Sechsers" zunächst ebenfalls derjenigen des Vorläufers. Doch für BMWs Jagd auf die S-Klasse von Mercedes-Benz, die sich in Deutschland etwa dreimal so gut verkaufte wie die alte 7er-Reihe von BMW, zauberten die Münchner noch ein As aus dem Ärmel: einen nagelneuen V12-Motor.

Es war der erste derartige Motor, der in Deutschland seit den 1930er-Jahren gebaut worden war, und der erste Zwölfzylinder, den BMW jemals in einem Straßenfahrzeug

Oben und links: Der M5 (E34) war noch etwas schneller als sein Vorgänger und mit einer Variante des „großen Sechsers" motorisiert.

Links unten: Der spätere M5 (E34) hatte einen 3,8-Liter-Motor. Zum überarbeiteten Styling gehörten breitere „Nieren".

BMW M5 3,8 E34

Fertigung:	1992–1996
Motor:	6-Zylinder (Reihe), 2 oben liegende Nockenwellen, 24 Ventile, Leichtmetall-Zylinderkopf
Bohrung x Hub:	94,6 mm x 90 mm
Hubraum:	3795 ccm
Leistung:	340 PS (250 kW) bei 6900 1/min
Drehmoment:	408 Nm bei 4750 1/min
Gemisch-aufbereitung:	Elektronische Benzinein-spritzung Bosch Motronic
Getriebe:	5-Gang, manuell, Ein-scheibentrockenkupplung
Chassis:	Selbsttragende Ganzstahlkarosserie
Aufhängung:	Vorn: McPherson-Feder-beine; hinten: Schräglenker und Schraubenfedern
Bremsen:	Hydraulisch, Scheiben vorn und hinten
Fahrleistung:	250 km/h; von 0 auf 100 km/h: 6,5 Sekunden

Oben und rechts: *Straßenfahrzeuge mit Allradantrieb waren aufgrund ihrer Traktionsvorteile auf Schnee in manchen Teilen Europas sehr beliebt. BMW erschloss sich diesen Markt mit dem 525iX.*

BMW 525i E34

Fertigung:	1990–1995 (andere Modelle der Baureihe E34 bis 1996)
Motor:	6-Zylinder (Reihe), 1 oben liegende Nockenwelle, 12 Ventile, Leichtmetall-Zylinderköpfe
Bohrung x Hub:	84 mm x 75 mm
Hubraum:	2494 ccm
Leistung:	192 PS (141 kW) bei 5900 1/min
Drehmoment:	256 Nm bei 4500 1/min
Gemisch-aufbereitung:	Elektronische Benzineinspritzung Bosch Motronic
Getriebe:	5-Gang, manuell, Einscheibentrockenkupplung
Chassis:	Selbsttragende Ganzstahlkarosserie
Aufhängung:	Vorn: McPherson-Federbeine; hinten: Schräglenker und Schraubenfedern
Bremsen:	Hydraulisch, Scheiben vorn und hinten
Fahrleistung:	max. 210 km/h; von 0 auf 100 km/h: 10,5 Sekunden

angeboten hatte. Die italienischen Superautomobilhersteller Ferrari und Lamborghini bauten schon seit Jahren V12-Motoren in kleinen Stückzahlen, aber nur Jaguar und nun BMW waren in der Lage, solche Wagen an größere Kundenschichten zu verkaufen.

BMW hatte mit dem V12 seit den frühen 1970er-Jahren experimentiert. Der erste Prototyp war eine 5-Liter-Einheit, die aus zwei „großen Sechsern“ zu je 2,5-Liter hervorgegangen war und in eine E3-Limousine eingebaut wurde – wo sie ein enormes Drehmoment an den Tag legte und eine Leistung von über 300 PS erzielte. Als der „kleine Sechser“ in die 3er-Reihe Eingang fand, bildete dies ebenfalls die Basis für einen V12-Prototyp, aber aufgrund des ökologischen Umdenkens und der ohnehin bemerkenswerten Leistung der bereits vorhandenen BMW-Sechszylindermotoren übernahm man keinen der V12-Prototypen in die Serienproduktion. BMW-Chef Eberhard von Kuenheim ging sogar soweit, dass er sagte, BMW werde keine Fahrzeuge mit mehr als sechs Zylindern bauen.

Die letzten Neuheiten der 7er-Reihe E32 – der BMW 750i und der BMW 750iL mit längerem Radstand – straften ihn nun jedoch Lügen. Der M70-V12-Motor entwickelte beinahe völlig vibrationsfrei und geräuschlos satte 300 PS, wodurch die 7er-Reihe zu einem Musterbeispiel an Fahrkultur wurde. Die anderen Modelle der neuen 7er-Reihe erhielten ebenfalls neue Motoren sowie Doppelverglasung für die Seitenfenster, was für noch größere Ruhe im Innenraum sorgte. Die Höchstgeschwindigkeit des neuen Modells war auf 250 km/h begrenzt, obwohl der Motor mehr ermöglicht hätte. Einige deutsche Automobilhersteller, darunter BMW, waren übereingekommen, noch höhere Geschwindigkeiten abzuregeln, um die drohende Einführung eines Tempolimits auf deutschen Autobahnen zu vermeiden.

Mercedes-Benz reagierte mit einem eigenen V12-Motor, der 1992 in die S-Klasse und den SL Roadster eingebaut wurde. Das neue Modell aus Untertürkheim sollte von Anfang an noch größer, auffälliger und stärker werden als der V12er der Münchner Konkurrenz. Doch damit schoss Mercedes ein Eigentor – denn die behäbigen und trägen Modelle der S-Klasse, die noch massiger aussahen, als sie es ohnehin waren, kamen nicht sehr gut an und wurden abfällig als „Panzer" bezeichnet.

Der BMW-V12 wurde auch in ein Nachfolgemodell für die Coupés der 6er-Reihe eingebaut, die langsam aus der Mode kamen. Frühe Pläne sahen einen einfachen Nachfolger vor, aber als Dr. Wolfgang Reitzle als neuer Vorstand für Entwicklung und Vertrieb in das Unternehmen kam, steckte man dem Projekt viel ehrgeizigere Ziele: Es sollte BMW in die Klasse von Porsche und der Mercedes-Luxuscoupés hieven. Das Modell wurde als BMW 850i bezeichnet und war mit der neuesten High-Tech ausgestattet, darunter Traktionskontrolle, elektronische Dämpferkontrolle und AHK (aktive Hinterachs-Kinematik), die das Kurvenverhalten des Fahrzeugs automatisch korrigierte. Alles in allem war der BMW 850i eher ein schneller GT als ein echter Sportwagen. Unter den edlen Luxuscoupés – als solches war er entwickelt worden – konnten sich nur wenige mit dem schnellen BMW 850i messen.

Ein weiterer, doch grundsätzlich völlig anders ausgelegter BMW-Sportwagen begann ab 1988 vom Band zu rollen: der Roadster Z1. Sein Motor war das erste Produkt der neuen Abteilung BMW Technik, die man 1984 gegründet hatte, um fortschrittliche Designideen umzusetzen und Fahrzeuge in kleinen Stückzahlen für Marktnischen zu produzieren. Im BMW Z1 Roadster kam eine Vielzahl von Innovationen zum Einsatz, darunter eine Struktur aus einem selbsttragenden Stahlblech-Rahmengerüst mit eingeklebtem Kunststoffboden. Die

Unten: *Die zweite Generation des M3 basierte auf der 3er-Reihe E36 von 1990, die sie in puncto Eleganz noch übertraf.*

Oben: *Das Reglement des ADAC-GT-Cups ließ stärkere Veränderungen am Fahrzeug zu, als dies bei vielen Tourenwagenmeisterschaften der Fall war. Hier Johnny Cecotto 1993 im BMW M3 GTR.*

Rechts: *Die BMW-Konkurrenz bei der britischen Meisterschaft waren 1993 fast ausnahmslos Fahrzeuge mit Frontantrieb.*

Außenverkleidung war aus nicht tragenden Kunststoffteilen, und das Fahrzeug hatte elektrisch versenkbare Türen, wodurch bei der Fahrt der Blick ungehindert auf die 50 cm entfernt liegende Straße fiel. Der quer montierte Auspuffdämpfer am Heck des Fahrzeugs bildete eine Art Spoiler unter dem Fahrzeug, um den Auftrieb bei hoher Geschwindigkeit zu minimieren. Obwohl das Aussehen des Z1 und das cartähnliche Handling ihm einen fast legendären Status unter BMW-Liebhabern eingebracht haben, so war doch die Hinterradaufhängung sein hervorstechendstes Merkmal. Diese so genannte „Z-Achse" gehörte zu einer Reihe von Mehrlenkersystemen für die Hinterradaufhängung, die in den 1980er-Jahren in der Automobilindustrie aufkamen, als man mit Computerunterstützung erstmals das außerordentlich komplexe Verhalten dieser Systeme genau berechnen konnte.

Neue Generationen

Der BMW Z1 machte viele Schlagzeilen, aber andere Serien-Modelle waren für die Verkaufszahlen und den Umsatz des Unternehmens viel wichtiger. Die Reihe E34 brachte eine neue Generation von 5er-Limousinen der Mittelklasse, die Stilelemente der 3er-Reihe E30 und der 7er-Reihe E32 harmonisch vereinten. Wie so oft baute die mechanische Grundlage des Automobils auf den besten Elementen der Vorgängermodelle auf.

Anders verfuhr man jedoch mit der 3er-Reihe E36, die 1990 präsentiert wurde. Sowohl in Hinsicht auf das Styling wie auch auf die Technik bot das neue Fahrzeug einen viel moderneren Zuschnitt als die nunmehr abgelösten 3er der Baureihe E30. Diese waren zunächst als Zweitürer erschienen, zu denen sich später ein Viertürer gesellte. Wegen dessen großem Erfolg wurde die Baureihe E36 gleich mit dem Viertürer eingeführt, dem erst später ein Zweitürer als Coupé folgte. Die Formensprache der Baureihe E36 wies schon auf die späteren 7er- und 5er-Reihen hin und zeigte sich abgerundeter und aerodynamischer als die Vorgängergeneration. Eine breite Auslegung und verkleidete Frontscheinwerfer prägten die Erscheinung der E36 und ließen eine Kritik, wie sie über die beiden Baureihen der großen BMW-Limousinen wegen deren großen Ähnlichkeit geäußert wurde, nicht aufkommen.

Unter der Haube übernahm die Baureihe E36 die M40-Vierzylindermotoren (im 316i und 318i) der letzten E30-Modelle bzw. die M50-Sechszylindermotoren (320i, 325i) aus der neu eingeführten 5er-Reihe E34. Die Hinterradaufhängung unterschied sich von allen vorherigen BMW-Limousinen und war eine Entwicklung der Mehrlenkerachse (Z-Achse), die erstmals beim BMW Z1 zu sehen war und auch beim BMW 850i zum Einsatz kam.

Das außerordentlich hohe Entwicklungstempo bei BMW führte dazu, dass die Baureihe E36 unter einigen Mängeln litt. Während es an den mechanischen Komponenten nichts auszusetzen gab, erwiesen sich im Inneren unter anderem das Armaturenbrett als klapprig und die Türleisten als schlecht befestigt. Fahrzeugbesitzer berichteten von starken Windgeräuschen, weil die Türabdichtungen unzureichend waren. Alle Mängel wurden rasch behoben, und Mitte 1991 erfüllte die neue 3er-Reihe alle Erwartungen: In dieser Form erwies sich die Limousine als genau das richtige Fahrzeug für die kompakte Mittelklasse.

Unter den zahlreichen neuen Modellen dieser Zeit stach der BMW M5 der Baureihe E34 heraus. Ebenso wie sein Vorgänger war der neueste M5 eine sehr dezente Erscheinung und lediglich an winzigen Details und den „Turbinen"-Rädern (um die Kühlluft durch die Bremsen zu ziehen) von diesem zu unterscheiden. Die Leistung kam wieder von einer Variante

Oben: *Die zweite Generation des M3 Evolution 2 präsentiert stolz den imposanten Heckspoiler am Kofferraumdeckel.*

Oben: *Von vorn zeigt der M3 Evolution 2 deutlich den tief angesetzten Frontspoiler und die enormen Aluräder.*

Links: *Der ehemalige Motorradrennfahrer Johnny Cecotto fuhr erfolgreich auf dem BMW M3 E30 und später auf diesem BMW 320iS E36.*

des großen Vierventil-Sechszylinders, der von den Motoren der Rennsport-CSL abstammte. Der Hub war allerdings etwas länger, um den Hubraum auf 3535 ccm zu steigern. Trotz der langen Kurbelwelle drehte der Motor sicher bis 7200 1/min und entwickelte die größte Leistung (trotz Katalysator 315 PS, also 29 PS mehr als der alte M5) bei 6900 1/min. Auch das maximale Drehmoment wurde gesteigert. Niedertouriges Fahren war dagegen nicht die Sache des M5, aber mit einer mächtigen Leistung am oberen Ende gab es nur wenig Grund zur Klage. Der einzige Kritikpunkt bezog sich auf den Umstand, dass der M5 zwar enorm schnell, aber dabei nicht wirklich „unterhaltsam" war – ein effizientes Fahrzeug, um rasch vorwärts zu kommen, dessen Fahrverhalten aber dem Fahrer kein wirkliches Vergnügen bereitete, eine Klage, die häufig auch gegen den BMW 850i vorgebracht wurde.

Um Pressespekulationen über den M8 und einige andere Modelle entgegenzutreten, gab BMW 1991 die Aufgabe einer ganzen Reihe von Entwicklungsprojekten bekannt, darunter eines, das einen M8 mit einem 48-Ventil-V12-Motor mit vier Nockenwellen und einem Hubraum von 5,4 Litern betraf. Rund 500 PS hätten ein Fahrzeug angetrieben, das durch die Verwendung von Teilen aus Kevlarverbund leichter gewesen wäre als ein normaler Serien-8er. Die Beschleunigung wäre atemberaubend gewesen, und die Höchstgeschwindigkeit hätte ohne Abriegelung 306 km/h betragen. Andere nicht verwirklichte Projekte waren eine Touring-Version des M3, ein „zwei-plus-zwei"-Z1 und eine zweitürige Cabrioversion des M5.

Die M5-Limousine wurde zwei Jahre später noch schneller gemacht, als der Motor auf 3,8 Liter vergrößert wurde und die Leistung auf 340 PS kletterte. Dazu gesellte sich ein lange erwartetes Modell, nämlich die M3-Version der 3er-Reihe E36, die es bereits seit 1990 gab.

Unten: *Als bei den Tourenwagen das Reglement geändert wurde, kam die große Stunde für den BMW 318iS, hier beim 24-Stunden-Rennen von Spa.*

Oben und links: Die 3er-Reihe E36 bedeutete einen großen Fortschritt mit einem neuen Styling und der neuen Z-Hinterradachsaufhängung. Die Fahrzeuge litten anfänglich jedoch unter Qualitätsmängeln, vor allem die Innenausstattung gab Anlass zu Kritik.

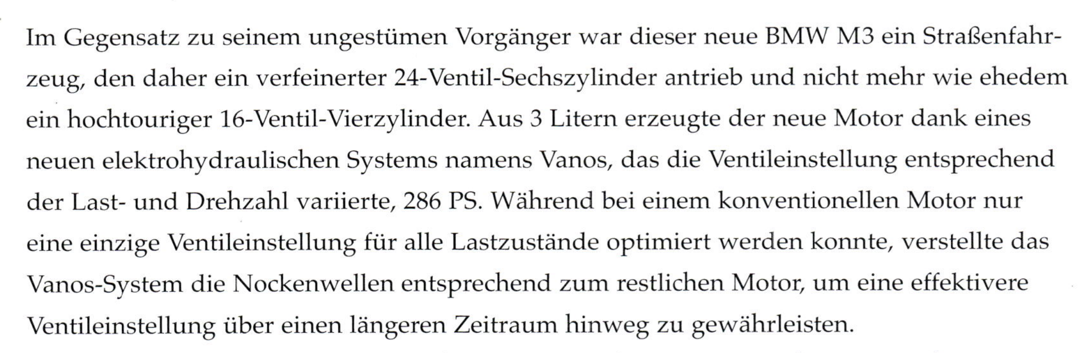

Im Gegensatz zu seinem ungestümen Vorgänger war dieser neue BMW M3 ein Straßenfahrzeug, den daher ein verfeinerter 24-Ventil-Sechszylinder antrieb und nicht mehr wie ehedem ein hochtouriger 16-Ventil-Vierzylinder. Aus 3 Litern erzeugte der neue Motor dank eines neuen elektrohydraulischen Systems namens Vanos, das die Ventileinstellung entsprechend der Last- und Drehzahl variierte, 286 PS. Während bei einem konventionellen Motor nur eine einzige Ventileinstellung für alle Lastzustände optimiert werden konnte, verstellte das Vanos-System die Nockenwellen entsprechend zum restlichen Motor, um eine effektivere Ventileinstellung über einen längeren Zeitraum hinweg zu gewährleisten.

Entwicklungen in eine andere Richtung ermöglichten der 5er-Reihe die Einführung eines neuen Elements in die BMW-Modellpalette – nämlich eines „echten" Kombi. 20 Jahre früher hatte es eine dreitürige Version des BMW 2002 gegeben, doch dies war mehr ein Fahrzeug mit Heckklappe als ein echter Kombi gewesen. Auch unter den 3ern der E30 befand sich eine Kombiversion, die zwar hübsch anzusehen, aber durch ihre großen Rückleuchten gehandicapt war, die den Ausschnitt der Hecköffnung verkleinerten und das Be- und Entladen erschwerten. Die Kombis der 5er-Reihe boten eine attraktive Mischung aus Qualität, Raum und Leistung. Zusätzlich zur herkömmlichen Heckklappe verfügten sie über eine hochklappbare Heckscheibe, um kleinere Gegenstände einzuladen: Was zunächst eher wie ein Mätzchen aussah, entpuppte sich als überraschend sinnvoll.

BMW übernimmt Rover

Die BMW-Modellpalette wurde immer breiter, da sich das Unternehmen als „universaler" Automobilhersteller und nicht nur als Lieferant leistungsstarker Limousinen etablieren wollte. Aus diesem Grund übernahm BMW 1994 die in Schwierigkeiten geratene britische Rover-Gruppe. Die Verantwortung dafür trug BMWs neuer Vorstandsvorsitzender Bernd Pischetsrieder. Rover war aus der früheren Leyland-Gruppe hervorgegangen und führte Traditionsmarken wie Jaguar und Daimler, Triumph, Wolseley, Riley, Morris und natürlich Land Rover und Rover weiter. Zu Leyland gehörte auch Austin, der – wir erinnern uns – die Basis für die ersten BMW-Fahrzeuge in den 1920er-Jahren gewesen war. Es gab jedoch noch eine weitere Verbindung: Der Ingenieur Alec Issigonis, der den millionenfach verkauften Minor für Morris und den Mini für Austin konstruiert hatte, war Pischetsrieders Großonkel.

Jaguar und Daimler hatte man bereits einige Jahre zuvor von Rover getrennt, und der Rest der Gruppe, die damals Austin Rover hieß, war an British Aerospace verkauft worden. Dort

BMW 318i E36

Fertigung:	1990–1992 (überarbeitetes Modell 1993–1999)
Motor:	4-Zylinder (Reihe), um 30° seitlich geneigt, 1 oben liegende Nockenwelle, 8 Ventile, Leichtmetall-Zylinderköpfe
Bohrung x Hub:	84 mm x 81 mmm
Hubraum:	1796 ccm
Leistung:	113 PS (83 kW) bei 4400 1/min
Drehmoment:	165 Nm bei 4250 1/min
Gemisch-aufbereitung:	Elektronische Benzineinspritzung Bosch Motronic
Getriebe:	5-Gang, manuell, Einscheibentrockenkupplung
Chassis:	Selbsttragende Ganzstahlkarosserie
Aufhängung:	Vorn: McPherson-Federbeine; hinten: Doppelquerlenker, Längslenker und Schraubenfedern
Bremsen:	Hydraulisch, Scheiben vorn und hinten
Fahrleistung:	max. 198 km/h; von 0 auf 100 km/h: 11,3 Sekunden

BMW M3 E36

Fertigung:	1992–1999
Motor:	6-Zylinder (Reihe), um 30° nach rechts geneigt, 2 oben liegende Nockenwellen, 24 Ventile, Doppel-Vanos-System, Leichtmetall-Zylinderköpfe
Bohrung x Hub:	86 mm x 85,8 mm
Hubraum:	2990 ccm
Leistung:	286 PS (210 kW) bei 7000 1/min
Drehmoment:	326 Nm bei 3600 1/min
Gemisch-aufbereitung:	Elektronische Benzineinspritzung Bosch Motronic
Getriebe:	5-Gang, manuell, Einscheibentrockenkupplung
Chassis:	Selbsttragende Ganzstahlkarosserie
Aufhängung:	Vorn: McPherson-Federbeine; hinten: Doppelquerlenker, Längslenker und Schraubenfedern
Bremsen:	Hydraulisch, Scheiben vorn und hinten
Fahrleistung:	250 km/h; von 0 auf 100 km/h: 6 Sekunden

schloss man einen Vertrag mit Honda, um gemeinsam neue Modelle zu entwickeln. Doch zur Überraschung weiter Kreise übernahm schon bald BMW die Kontrolle. Der Einfluss von BMW war bei Rover sehr bald spürbar. Das britische Unternehmen, das eher als Produzent von Massenware als von Qualitätsfahrzeugen galt, wurde von BMW als ideale Möglichkeit betrachtet, um Marktanteile zu gewinnen. Die Rover-Modelle reichten vom Supermini wie dem Rover 100 (der auf dem alten Metro basierte) bis zum Rover 800, einer von Honda beeinflussten Business-Limousine. Alle Modelle hatten Frontantrieb, waren weitaus preisgünstiger und weniger exklusiv als die BMWs. Die Idee der Übernahme bestand darin, die Methoden und Technologie von BMW in die Entwicklung und Herstellung von Rover einzubringen, um qualitätsvolle Produkte unterhalb der BMW-Palette anbieten zu können.

Die ultimative Fahrmaschine

Mitte der 1990er-Jahre engagierte sich BMW noch bei einem anderen britischen Fahrzeughersteller. Als die Ära des BMW-Turbo zu Ende ging, wechselte Gordon Murray, der Konstrukteur des Brabham F1, zu McLaren. Dieses Team dominierte die Grand-Prix-Saison 1988 und gewann 15 von 16 Rennen. Murray und McLaren-Boss Ron Dennis entwickelten gemeinsam die Idee zu einem straßentauglichen Supersportwagen, und schon am Ende des Jahres lief das Projekt, im März des folgenden Jahres machte man es öffentlich bekannt. Am 12. März 1990 versammelte Murray sein kleines Team und legte die Grundlagen für das neue Fahrzeug fest. Es sollte die ultimative Fahrmaschine werden, mit einem Mittelmotor, drei Sitzen und Elementen, die der südafrikanische Konstrukteur bereits in den 1960er-Jahren erstmals konzipiert hatte. Murray plante den McLaren als außergewöhnlich kleinen und leichten Sportwagen, was durch den massiven Einsatz von Verbundmaterialien aus Karbonfaser für die Karosserie ermöglicht wurde. Den neuen Wagen wollte man als Herausforderung an das fahrerische Können verkaufen. Das bedeutete: Es gab kein ABS, keinen Bremskraftverstärker,

***Links:** Das stilvolle M3-Cabrio der Baureihe E36 hatte beinahe die Leistung eines Supersportwagens.*

***Gegenüberliegende Seite:** BMW erweiterte die 5er-Reihe um einen Touring Kombi.*

keine Traktionskontrolle – dafür aber jede Menge Leistung. Murray überlegte sehr sorgfältig, welcher Hersteller in der Lage sein könnte, einen Motor zu liefern, wie er ihn sich vorstellte – einen großen, normalen Saugmotor mit einer hohen Literleistung – und zog drei Namen in Erwägung: Honda, Ferrari und BMW. Honda, der aktuelle Lieferant für McLarens F1-Motoren, wäre die einfachste Lösung gewesen. Doch als Murray beim Großen Preis von Deutschland im Juli 1990 Paul Rosche traf, kamen die beiden sehr rasch überein, dass BMW den Motor für das neue Superautomobil liefern sollte.

Murrays Anforderungen waren streng: Der Motor musste 550 PS liefern, aber leicht sein (250 kg oder weniger) und geringe Abmessungen haben (nur 600 mm Länge). Es musste sich um einen normalen Saugmotor handeln – Murray schloss den Turbo aufgrund dessen Motorcharakteristika aus –, und er musste ohne Leistungsabfall sehr hoch drehen und wie in einem Formel-1-Wagen als tragendes Element montiert werden können. Der V12-Motor der 7er- und 8er-Reihe war zu groß und zu schwer, und so versprach Rosche Murray einen nagelneuen Motor für seinen McLaren.

Der S70/2-V12-Motor erwies sich tatsächlich als Maßanfertigung für McLaren, die wenig Ähnlichkeit mit dem V12 für die Serienproduktion hatte. Motorblock und Zylinderköpfe bestanden aus Leichtmetall; die Zylinderwände waren zur Optimierung der inneren Reibung mit Nicasil beschichtet. Die Kolben bestanden aus geschmiedetem Aluminium, während

***Oben:** Die 3er-Reihe wurde rasch zum gefragtesten Fahrzeugtyp in der kompakten Mittelklasse.*

McLaren F1

Fertigung:	1994–1997
Motor:	V12, je 2 oben liegende Nockenwellen, 48 Ventile, variabel verstellbare Ein- und Auslassnockenwellen, Leichtmetall-Zylinderköpfe
Bohrung x Hub:	86 mm x 87 mm
Hubraum:	6064 ccm
Leistung:	627 PS (458 kW) bei 7400 1/min
Drehmoment:	660 Nm bei 5600 1/min
Gemisch-aufbereitung:	Elektronische Benzineinspritzung TAG
Getriebe:	6-Gang, manuell, Karbonkupplung
Chassis:	Vollständig aus Kohlefaserverbund
Aufhängung:	Vorn und hinten: Doppelquerlenker und Schraubenfedern
Bremsen:	Hydraulisch, Scheiben vorn und hinten
Fahrleistung:	max. 387 km/h; von 0 auf 100 km/h: 3,2 Sekunden

Nockenwellen und Kurbelwelle aus Stahl waren. Die Röhren des Auslasssystems bestanden aus dem hitzebeständigen Edelstahl Inconel, und ein Schalldämpfer war aus Titan gefertigt. Dank der Trockensumpfschmierung konnte man die Motorhöhe gering halten und sicherte so selbst in schnellen Kurven oder bei starkem Bremsen eine zuverlässige Ölversorgung.

Der Schnellste von allen

Man übernahm das variable Ventilsteuerungssystem Vanos, das bereits beim neuen M3 im Einsatz war, in den V12-Motor, doch das zusätzliche Gewicht und die Komplexität eines variablen Einlasssystems hielt man für unnötig. In der letzten Ausführung leistete der 6064-ccm-Motor 627 PS bei 7400 1/min, mit einem maximalen Drehmoment von 660 Nm bei 5600 1/min. Somit übertraf die Leistung des McLaren alle Erwartungen, obwohl das Gewicht des Fahrzeugs am Ende etwas höher lag, als es sich Murray gewünscht hatte.

Der Motor lief zuerst in „Edward", dem zweiten der beiden von McLaren gebauten Prüffahrzeuge. XP1, der erste F1-Prototyp, lief Ende 1992. Weniger als drei Monate später wurde XP1 jedoch bei einem Unfall in Namibia zerstört, als BMW-Ingenieure Hitzetests durchführten – der Fahrer stieg unverletzt aus dem Wrack, ein Beweis für die Stärke der Kohlefaserkonstruktion des F1-Monocoque. XP2, der zweite Prototyp, führte die BMW-Tests zu Ende, bevor er den diesmal geplanten Crash-Test mit Bravour „bestand".

Das McLaren-Projekt beherrschte die Schlagzeilen und beflügelte überall die Fantasie der Fans. Es war ein kompromissloses Superauto, konstruiert als das schnellste und beste technisch Machbare, wobei die Kosten keine Rolle spielten. Der Motorblock wurde in Kleinserie hergestellt, und allein die Auspuffrohre des Fahrzeugs kosteten in der Herstellung mehr als ein gesamter V12-Motor der 8er-Reihe. Das Herz dieser ultimativen Fahrmaschine bildete der mächtige BMW-Motor.

Oben: *BMW baute den S70/2-V12-Motor speziell für das McLaren-F1-Projekt. Er entwickelte aus 6064 ccm über 600 PS.*

Rechts: *Dem als Straßenfahrzeug konzipierten dreisitzigen McLaren F1 sollte eine erfolgreiche Rennkarriere beschieden sein.*

Links: Die 8er-Reihe stand zwischen 1989 und 1999 ein Jahrzehnt lang an oberster Stelle der BMW-Modellpalette. Es handelte sich nicht um einen Sportwagen, sondern um ein vollendetes Luxuscoupé der Grand-Touring-Klasse.

Alpina-BMW – noch besser als gut

BURKHARD BOVENSIEPEN begann 1964 mit der Produktion von Umbaukits und Doppel-Vergaseranlagen für den BMW 1500, die diesem fast die Leistung des BMW 1800 verliehen. In der ersten Zeit arbeitete Bovensiepen in der Schreibmaschinenfabrik seines Vaters in Kaufbeuren im Allgäu. Ende der 1960er-Jahre, nachdem das Schreibmaschinenwerk verkauft worden war, zog Alpina nach Buchloe um.

Neben den Schnitzer-Brüdern war Alpina die Speerspitze des BMW-Tourenwagen-Rennprogramms jener Zeit, während sich das Werk selbst auf die Formel 2 konzentrierte. Alpina setzte auch die Entwicklung der Straßenfahrzeugumbauten fort, die sich rasch einen guten Namen machten, nicht nur wegen ihrer außergewöhnlichen Geschwindigkeit, sondern auch aufgrund ihrer Qualität und Zuverlässigkeit. Ende 1972 wurde Bovensiepens privater 3,0 CSL mit rund 265 PS gegenüber den 200 PS des Standardmodells in einer Reihe von Motorsport-Publikationen gelobt.

Spätere Umbauten wurden noch ehrgeiziger, sodass Alpina von der reinen Tuning-Firma zum Fahrzeughersteller wurde.

Aus Buchloe stammte eine getunte Version des „großen Sechsers" mit 2,8 Liter, der in die 3er-Reihe E21 Eingang fand und zur Entstehung des BMW Alpina B6 2,8 mit 200 PS führte. Ein turbogeladener 3-Liter-Sechszylinder, der in die 5er- und 6er-Reihe eingebaut wurde, bildete die Basis für die BMW-Alpina-B7-Modelle. Die 5er-Reihe E28 wurde später mit einem verbesserten 3,4-Liter-Sechszylinder-Saugmotor ausgestattet.

Heute produziert Alpina Teile und Zubehör für BMW-Fahrzeuge sowie leistungsstarke Spezialanfertigungen auf BMW-Basis für Liebhaber – angefangen beim B3, der auf der 3er-Reihe basiert, bis zum aus der 7er-Reihe abgeleiteten 500 PS starken B7. Alle Fahrzeuge verbinden unbändige Kraft mit elegantem optischem Understatement.

BMW Alpina B9 3,5

Fertigung:	1981–1985
Motor:	6-Zylinder (Reihe), 1 obenliegende Nockenwelle, 12 Ventile, Leichtmetall-Zylinderköpfe
Bohrung x Hub:	93,4 mm x 84 mm
Hubraum:	3453 ccm
Leistung:	245 PS (180 kW) bei 5700 1/min
Drehmoment:	194 Nm bei 4500 1/min
Gemisch-aufbereitung:	Elektronische Benzineinspritzung Bosch Motronic
Getriebe:	4-Gang, ZF-Automatik
Chassis:	Selbsttragende Ganzstahlkarosserie
Aufhängung:	Vorn: McPherson-Federbeine; hinten: Schräglenker und Schraubenfedern
Bremsen:	Hydraulisch, Scheiben vorn und hinten
Fahrleistung:	max. 225 km/h; von 0 auf 100 km/h: 6,8 Sekunden

Links: Die für Alpina typischen Alu-Speichenräder kann man an vielen BMW-Fahrzeugen entdecken. Aber das Alpina-Tuning geht viel weiter.

TOKYO
Ueno Clinic
59
MICHELIN
DEGRE 7
BELL

STIL UND QUALITÄT

1994–1999

Vorhergehende Seiten: Mit BMW-Power unter der Haube holte sich der McLaren F1 GTR 1995 den Sieg in Le Mans.

Bis Mitte der 1990er-Jahre hatte BMW einen beachtlichen Weg zurückgelegt. Die Limousinen der „Neuen Klasse", die in den 1960er-Jahren zum Verkaufsschlager geworden waren, hatten die Erholung des Unternehmens eingeleitet, und mit jeder nachfolgenden Produktgeneration gelang es den Münchenern, diesen Erfolg zu festigen. Auch im Rennsport hatte sich BMW, zuerst bei den Tourenwagen und in der Formel 2, Anerkennung erworben. Ende der 1980er-Jahre eroberte BMW die Formel 1 und baute einige der schnellsten und luxuriösesten Limousinen. Auf der anderen Seite war die 3er-Reihe das beliebteste Automobil für beruflich erfolgreiche Aufsteiger geworden. Jetzt, in den frühen 90er-Jahren des 20. Jahrhunderts, dominierte BMW mit dem M3 erneut den Tourenwagensport und lieferte einen eindrucksvollen maßgeschneiderten V12 für das schnellste Auto der Welt: den McLaren F1. Die Finanzmisere der 1950er-Jahre war vergessen.

Nun widmete sich BMW der ehrgeizigen Aufgabe, mit dem Bau einer eindrucksvollen, luxuriösen Oberklassenlimousine der S-Klasse von Mercedes-Benz den Rang abzulaufen. Münchens Angebot auf diesem Sektor war seit den frühen 1990er-Jahren die 7er-Reihe E32. 1994 wurde sie durch die neue Generation E38 ersetzt, die eine veränderte Form und neue Motoren mit sich brachte.

Oben: Der BMW 3er Compact war eine preiswertere Fließheckversion der beliebten Limousine.

Die Autobauer kamen von den formlosen Stromlinienkarosserien der 1980er-Jahre ab und suchten wieder ein harmonisches äußeres Design. So hatte die E38 eine klarere und genauer definierte Linie als die E32, war aber dennoch, etwa durch die Verwendung der „Doppelniere", sofort als BMW zu erkennen. Den mit den Zwölfzylinderversionen des E32 eingeleiteten Trend, die Höhe der Niere zu reduzieren und sie stattdessen zu verbreitern, führte man auch bei dieser Reihe fort.

Die Spitzenmodelle der 7er-Reihe erhielten wie gehabt einen V12, die mittleren Modelle, die bei der E32 noch von Sechzylinderaggregaten angetrieben wurden, erhielten nun jedoch zwei neue Motoren. Das zunehmende Sicherheitsbedürfnis der Käufer führte ebenso wie das steigende Ausstattungsniveau zu einer massiver werdenden Bauart und einem immer größeren Gewicht der Fahrzeuge. Zudem erschwerte es die Verschärfung der Abgasbestimmungen, eine hohe spezifische Leistung zu erzielen, was sogar ein so brillantes und erfahrenes Entwicklungsteam wie das von BMW vor Probleme stellte. Als Lösung kam nur eine Hubraumvergrößerung in Frage, da die alten Sechszylinderblöcke aus Grauguss ihr Potenzial ausgereizt hatten. Ein neuer Sechszylinder-Reihenmotor hätte aber aufgrund der dann benötigten Größe kaum noch ins Auto gepasst, und so entschied sich BMW für ein Konzept, das man seit Mitte der 1960er-Jahre nicht mehr verwendet hatte – den V8-Motor.

Der M60-V8 war ein leichter Voll-Alu-Motor mit DOHC-4V-Technik – für Hochleistungsmotoren waren Mehrventilzylinderköpfe jetzt unerlässlich. Anders als herkömmliche V8-Motoren aus Leichtmetall hatten diese neuen Motoren keine Laufbuchsen, die Alubohrungen

Links: Als eine weitere Variante der 3er-Reihe gab es den Touring Kombi.

waren mit Nicasil beschichtet – eine Idee, die BMW bereits bei den Motorradboxermotoren mit großem Erfolg verwirklicht hatte. Eine weitere Neuerung stellten die gesinterten und anschließend gebrochenen Pleuel dar. Sie wurden zunächst unter hohem Druck zu einem Stück geformt und dann entlang einer Sollbruchstelle am kurbelwellenseitigen Pleuelauge geteilt. Die dabei entstandenen Bruchstellen waren durch das Materialgefüge sehr passgenau und erhöhten so, nach dem Wiedereinbau um die Kurbelwellenlager, die Belastbarkeit.

Zwar war der V8 wesentlich breiter, aber trotz des größeren Hubraums nicht länger als der alte Reihensechser und passte daher problemlos in die BMW-Limousinen. Es gab 3-Liter- und 4-Liter-Versionen mit bis zu 286 PS. Sie kamen zuerst im BMW 530i und 540i (E34) zum

BMW 730i E38

Fertigung:	1994–1996
Motor:	V8, 2 x 2 oben liegende Nockenwellen, 32 Ventile, Leichtmetall-Zylinderköpfe
Bohrung x Hub:	84 mm x 67,6 mm
Hubraum:	2997 ccm
Leistung:	218 PS (160 kW) bei 5800 1/min
Drehmoment:	296 Nm bei 4500 1/min
Gemischaufbereitung:	Elektronische Benzineinspritzung Bosch DME M3,3
Getriebe:	5-Stufen-ZF-Automatik (bis 1997 wahlweise 5-Gang-Handschaltgetriebe)
Chassis:	Selbsttragende Ganzstahlkarosserie
Aufhängung:	Vorn: McPherson-Federbeine; hinten: Mehrlenkerachse und Schraubenfedern
Bremsen:	Hydraulisch, Scheiben vorn und hinten
Fahrleistung:	max. 234 km/h; von 0 auf 100 km/h: 9,7 Sekunden

Links: In der dritten Generation der 7er-Reihe E38 von 1994 führte man V8-Leichtmetallmotoren ein.

Oben: *Obwohl der F1 mit BMW-Motor nicht als Wettbewerbsfahrzeug konzipiert war, zeigte er sich bei Rennen sehr erfolgreich.*

Ganz oben: *Kurz nach 16 Uhr überfährt der McLaren F1 GTR die Ziellinie als Sieger der 24 Stunden von Le Mans 1995.*

Einsatz, später auch im BMW 730i und 740i (E38). Leider gerieten diese superben Motoren durch die mit Nickel/Silicon und Nicasil beschichteten Zylinderwände in Verruf, da sie bei der Verwendung von Kraftstoffen mit hohem Schwefelanteil zu starkem Verschleiß neigten. Aus diesem Grund führte man eine alternative Beschichtung mit Aluminium/Silicon und Alusil ein und baute die V8-Motoren später für Stahlzylinderbuchsen um.

Mehr kleine BMW-Modelle

Das Problem weitete sich auch auf die großen Sechszylinder der 3er-Reihe aus, aber dennoch gab es viele gute Neuigkeiten für die Fans der kleineren BMW-Modelle. Das zweitürige 3er-Coupé erschien Anfang 1992, und das neue Sechszylinder-M3-Coupé war Ende desselben Jahres zu haben. 1994 erhöhte sich die Attraktivität der 3er-Reihe durch zwei neue Karosserien noch weiter. Schon ab 1993 war das neue 3er-Cabrio erhältlich, das auf dem Coupé basierte und mit unterschiedlich starken Vier- und Sechszylindermotoren erhältlich war. Das M3-Cabrio folgte im Januar 1994. Der nächste Vertreter der 3er-Reihe legte dann mehr Wert auf praktischen Nutzen als auf Styling und Leistung: ein Dreitürer mit Heckklappe, der stark an den BMW Touring der 1970er-Jahre erinnerte, zumindest für diejenigen, deren Gedächtnis so weit zurückreichte.

Das Modell erhielt die Bezeichnung 3er Compact (E36-5) und sollte Marktanteile am oberen Ende der Golfklasse erkämpfen, den sehr sportlichen Einkaufsautos, die den Markt

Oben: Ein Blick in den Innenraum des McLaren F1 GTR, der bei den 24 Stunden von Le Mans 1995 von Yannick Dalmas, Masanori Sekiya und J. J. Letho gesteuert wurde.

Unten: Ein F1 GTR beim Goodwood Festival of Speed 1995. Eine straßentaugliche LM-Version folgte.

erschwinglicher Qualitätsautos in den 1980er-Jahren dominiert hatten. Der Compact war bis zur B-Säule als 3er zu erkennen, doch das abgehackte Kombiheck war völlig neu. Beim Fahrwerk des Compact dagegen griff man auf Schräglenker zurück, die man bei den übrigen aktuellen BMW-Modellen (inklusive der anderen 3er) zu Gunsten der modernen Z-Achse ausgemustert hatte. Die offizielle Begründung für diesen technischen Rückgriff lautete, dass Schräglenker die Ladefläche weniger beeinträchtigen und deshalb für den Hecktürer ideal seien, sicher spielte aber auch eine Rolle, dass man den Compact durch die günstigere Konstruktion zu einem attraktiven Preis anbieten konnte. Der „gestutzte" 3er besaß dadurch nicht das präzise Handling der anderen Modelle, und auch hinsichtlich seiner Leistung hing er etwas zurück: Zunächst war der Compact nur mit einem 1,6- bzw. 1,8-Liter-Vierzylinder-Benziner sowie einem hochwertigen, aber trägen 1,7-Liter-Turbodiesel im Angebot.

Jede neue 3er-Generation wurde in mehr Karosserievarianten angeboten als ihre Vorgängerin – und die Palette der E46 übertraf die aller anderen ein weiteres Mal: Es gab das viertürige „Familienauto", das sportliche zweitürige Coupé, das flotte Cabrio und den beliebten Compact. Der Touring Kombi komplettierte 1995 das Angebot und erwies sich dank größerer Heckklappe und Ladefläche als wesentlich praktischer und vielseitiger als sein Vorgänger. In gewisser Weise gab es darüber hinaus noch eine weitere Karosserievariante, da BMW 1995 Details eines neuen Roadsters veröffentlichte, bei dem die Motoren und ein Teil der Fahrwerkskomponenten aus der 3er-Reihe zum Einsatz kommen sollte.

BMW Z3

Fertigung:	1995–2002
Motor:	4-Zylinder (Reihe), um 30° seitlich geneigt, 2 oben liegende Nockenwellen, 16 Ventile, Leichtmetall-Zylinderkopf
Bohrung x Hub:	85 mm x 83,5 mm
Hubraum:	1895 ccm
Leistung:	140 PS (103 kW) bei 6000 1/min
Drehmoment:	183 Nm bei 4300 1/min
Gemisch-aufbereitung:	Elektronische Benzineinspritzung Bosch Motronic DME M5,2
Getriebe:	5-Gang, manuell, Einscheibentrockenkupplung
Chassis:	Selbsttragende Ganzstahlkarosserie
Aufhängung:	Vorn: McPherson-Federbeine; hinten: Schräglenker und Schraubenfedern
Bremsen:	Hydraulisch, Scheiben vorn und hinten
Fahrleistung:	max. 205 km/h; von 0 auf 100 km/h: 9,5 Sekunden

***Oben rechts:** Der Z3 erschien erstmals in dem James-Bond-Film „Golden Eye" 1995.*

Durch sein Debüt in dem James-Bond-Film „Golden Eye" erregte der BMW Z3 – so hieß der neue Roadster – 1995 weltweit Aufmerksamkeit. Trotz seines eher belanglosen Kinoauftritts begeisterte er wegen seiner kompromisslosen und athletischen Form. Beim Design des Z3 gab es mehr als eine Anspielung auf den 507 der 1950er-Jahre, so waren die seitlichen „Kiemen" an den Frontkotflügeln eine offensichtliche Verneigung vor dem legendären Vorläufer aus der Hand von Goertz. Im Gegensatz zum „Doppelnüstern"-Grill des BMW 507 war die BMW-„Niere" an der Front des Z3 eher konventionell gestaltet. Dass der Z3 und der 507 ein ähnliches Leistungspotenzial aufwiesen, obwohl der Z3 im Gegensatz zum 3,2-Liter-V8 des 507 nur einen 1,9-Liter-Vierzylinder besaß – zeigte, wie weit die BMW-Motorentechnologie in den dazwischenliegenden drei Jahrzehnten gediehen war.

***Rechts:** Der Z3 verfügte über mechanische Komponenten der 3er-Reihe, war aber ein kompromissloser zweisitziger Roadster.*

In den 1990er-Jahren wurden nur aus wenigen Sportwagen Wettbewerbsfahrzeuge gemacht, und auch dem Z3 stellte man keine Rennversion zur Seite. Das Superauto McLaren F1 war zwar ebenso wenig als Rennfahrzeug konzipiert worden, aber Änderungen im Reglement für Sportwagenrennen brachten die Hersteller von Superautos in den frühen 1990er-Jahren in der seriennahen GT1-Klasse zurück nach Le Mans. 1994 siegte dort Dauer-Porsche – mit einer nur oberflächlich kaschierten Straßenversion des unbesiegbaren Porsche-962-Rennwagens. Im folgenden Jahr gewann McLaren den Klassiker mit

James Bond fährt BMW

DER JAMES-BOND-FILM „Golden Eye" von 1995 brachte allerhand Neuerungen für den berühmtesten Geheimagenten der Welt. Es gab neue Produzenten, ein neues Studio und einen neuen Hauptdarsteller: Pierce Brosnan. Und zum ersten Mal war das James-Bond-Auto ein BMW.

Bis dahin hatte 007 meist britische Sportwagen bevorzugt, überwiegend der Marken Aston Martin (wie den berühmten DB 5 aus dem dritten Film „Goldfinger") und Lotus. Aber in „Golden Eye" saß Bond hinter dem Steuer eines BMW Z3, noch bevor das Auto der Öffentlichkeit vorgestellt worden war. Obwohl dessen Filmrolle bescheiden war und viele der abgedrehten Gags nie eingesetzt wurden, erzielte der neue BMW eine enorme Presseresonanz – und die Verkaufszahlen des Z3 schossen in die Höhe.

In „Der Morgen stirbt nie" von 1997 mietet 007 am Hamburger Flughafen einen BMW 750iL. Der Avis-Angestellte, auf den er dort trifft, ist niemand anderes als Q, der stets für die technischen Spielereien des Agenten verantwortlich ist und in diesem Fall ein ganzes Waffenarsenal in dem BMW untergebracht hat. Insgesamt benötigte man beim Dreh der aberwitzigen Verfolgungsszenen sage und schreibe 17 BMW 750iL; darüber hinaus mussten für manche Szenen sogar noch maßstabsgetreue Modelle gebaut werden. In demselben Film springt Bond in Saigon auf einem R-1200-BMW-Motorrad, von den drehenden Rotorblätter eines Hubschraubers verfolgt, von Dach zu Dach.

In „Die Welt ist nicht genug" sitzt Bond erneut hinter dem Steuer eines BMW, diesmal eines entsprechend „konfigurierten" Z8, der über ähnliche technische „Mätzchen" verfügt wie der 750iL. Spektakulär findet der Z8 sein Ende, als er von einer aus einem Hubschrauber herabhängenden Kreissäge in zwei Hälften zersägt wird.

Der Z8 war damit zugleich der vorläufig letzte BMW „im Geheimdienst Ihrer Majestät", denn in den folgenden Filmen kehrte Bond wieder zum Aston Martin zurück.

Oben: James-Bond-Darsteller Pierce Brosnan mit dem Z8 aus „Die Welt ist nicht genug".

Links: Zum Drehen der Fahrszenen mussten verschiedene Kameras an den Z8 montiert werden.

BMW 320d E46

Fertigung:	Ab 1997
Motor:	4-Zylinder (Reihe), Diesel, 2 oben liegende Nockenwellen, 16 Ventile, Leichtmetall-Zylinderköpfe
Bohrung x Hub:	84 mm x 88 mm
Hubraum:	1951 ccm
Leistung:	136 PS (100 kW) bei 4000 1/min
Drehmoment:	285 Nm bei 1750 1/min
Gemisch-aufbereitung:	Verteilereinspritzpumpe VP 44
Getriebe:	5-Gang, manuell, Einscheibentrockenkupplung
Chassis:	Selbsttragende Ganzstahlkarosserie
Aufhängung:	Vorn: McPherson-Federbeine; hinten: Mehrlenkerachse und Schraubenfedern
Bremsen:	Hydraulisch, Scheiben vorn und hinten
Fahrleistung:	max. 207 km/h; von 0 auf 100 km/h: 9,9 Sekunden

***Oben rechts:** Die 3er-Reihe E46 wurde im März 1998 auf dem Genfer Automobilsalon vorgestellt.*

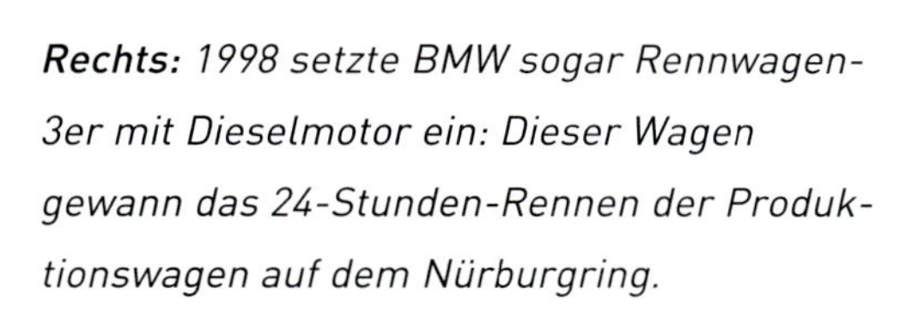

***Rechts:** 1998 setzte BMW sogar Rennwagen-3er mit Dieselmotor ein: Dieser Wagen gewann das 24-Stunden-Rennen der Produktionswagen auf dem Nürburgring.*

Oben: Sieg für den BMW V12 LMR in Le Mans. Nach einem enttäuschenden Renndebüt 1998 war den Williams-Fahrzeugen 1999 endlich Erfolg beschieden.

Links: Das Siegerteam von Le Mans 1999. Der Italiener Pierluigi Martini (im Fahrzeug), flankiert vom Franzosen Yannick Dalmas (links) und Joachim Winkelhock (rechts).

seinem BMW-betriebenen F1 und den Piloten Yannick Dalmas, Masanori Sekiya und J. J. Lehto. Unter den Beschränkungen des Reglements brachte der Renn-F1 – bekannt als GTR – nur 9 PS mehr als das Serienmodell, obwohl es hieß, dass ein „offener" Motor für 800 PS gut sei. Andere Modifikationen waren ein abgespecktes Interieur und ein massiver Heckflügel.

Ein straßentauglicher Verwandter des GTR, der LM, folgte 1996. Der BMW-V12 erhielt neue Nockenwellen und eine höhere Verdichtung, sodass der Motor nach der Überarbeitung 668 PS entfesselte. Eine etwas kürzere Übersetzung verringerte die Höchstgeschwindigkeit auf „nur" 362 km/h, verbesserte aber die Beschleunigung auf einen Wert von weniger als drei Sekunden von 0 auf 100 km/h. Nur 5 LM-Modelle wurden gebaut, und alle trugen die hellorange Lackierung von Bruce McLarens 1960er-F-1-Team.

Langheck-McLaren

Aber damit war die Geschichte des McLaren F1 noch nicht zu Ende. Die Einführung von Sportrennmaschinen von Porsche und Mercedes veranlasste auch McLaren dazu, eine „Evolution"-Version des F1 herzustellen. Das F1-GT-Straßenmodell, das es in nur drei Exemplaren gab, verwendete den gleichen BMW-Motor wie zuvor, war aber nun breiter, niedriger und länger. Das Langheck-Chassis kam dann bei den Renn-GTR zum Einsatz, von denen einer 1997 in Le Mans Vierter wurde. Die überlegenen konkurrierenden Sportrennmaschinen waren nicht mehr als echte Straßenfahrzeuge konstruiert, wie beim McLaren F1 der Fall, sondern mit dem einzigen Ziel, alles herauszuholen, was das Reglement zuließ. Die Serienfertigung des F1-Straßenfahrzeugs endete 1997 mit einer Stückzahl von nur etwa 100.

Es war eine Zeit der Ungewissheit im Bereich der Sportwagenrennen, weil die Funktionäre das Reglement ständig umwarfen, um mehr Unterstützung und größeres Zuschauer-

BMW V12 LMR

Rennsaison:	1999
Motor:	V12, je 2 oben liegende Nockenwellen, 48 Ventile, Leichtmetall-Zylinderköpfe
Bohrung x Hub:	86 mm x 85,94 mm
Hubraum:	5990 ccm
Leistung:	590 PS (430 kW)
Drehmoment:	360 Nm
Gemisch-aufbereitung:	Bosch-Motormanagement
Getriebe:	X-Trac, 6-Gang sequenziell
Chassis:	Karosserie und Chassis aus Karbonverbund
Aufhängung:	Vorn: doppelte Querlenker; hinten: doppelte Querlenker
Bremsen:	Hydraulisch, Scheiben vorn und hinten
Fahrleistung:	max. 342 km/h; von 0 auf 100 km/h: ca. 4 Sekunden

Oben: *Das BMW-M3-Cabriolet der Baureihe E36 und auch die M3-Limousine waren aufgrund des 24-Ventil-Sechszylindermotors kultiviertere Fahrzeuge als ihre Vorgänger.*

interesse zu erwecken. Die „Production-Supercar"-GT1-Formel war zwar spannend gewesen, aber nun wurden Schlupflöcher in den Regeln ausgenutzt, um reine Rennfahrzeuge einzusetzen, auch wenn diese dann in kleinen Serien zum Verkauf gebaut wurden. Zudem führte man eine alternative Le-Mans-Prototypenklasse neben den GT Cars ein. Die Prototypen schafften schnellere Rundenzeiten, mussten aber wegen des Verbots größerer Tanks häufiger an die Boxen. 1998 entschloss sich BMW, in diese Klasse mit einem Auto einzusteigen, das in Kooperation mit einem neuen Rennpartner entwickelt worden war.

Damals war Brabhams große Zeit bereits vorbei, und McLaren war mit Honda-Motoren beim Grand Prix zum dominierenden Team geworden. Seit 1995 arbeitete McLaren dann mit Mercedes-Benz zusammen, dem innerdeutschen Rivalen von BMW, mit dem man sich bereits seit den 1930er-Jahren immer wieder auseinander gesetzt hatte. Für McLaren und BMW konnte es also keine Kooperation geben, und so wandte sich BMW an ein anderes englisches F-1-Team, nämlich an Williams. Gemeinsam wollte man einen neuen Le-Mans-Prototypen entwickeln und auf einen BMW-Motor für die Formel 1 hinarbeiten. Mit dem Le-Mans-Fahrzeug begann man erst gegen Ende 1997, und im April des folgenden Jahres absolvierte der V12 LM, wie das neue Fahrzeug bezeichnet wurde, seine ersten Tests. Der offene Zweisitzer verwendete den V12-Motor des McLaren F1 in einer Version mit 5990 ccm und demonstrierte seine Sportlichkeit mit einem Gesamtgewicht, das noch um etwa 200 kg unter dem des ohnehin schon leichten McLaren-Straßenfahrzeugs lag.

Zwei LM-Fahrzeuge debütierten 1998 in Le Mans, aber ihr Einsatz war rasch beendet. Nach nicht einmal vier Stunden mussten beide aus Sicherheitsgründen zurückgezogen werden, da man feststellte, dass Schmiermittel aus den Radlagern austrat und ein Lagerschaden

Oben: *1998 wurde die Baureihe E36 durch eine neue 3er-Generation ersetzt. Auf einen neuen M3 mussten die Liebhaber jedoch länger warten.*

nicht auszuschließen war. Zu diesem Zeitpunkt hatte der BMW von Tom Kristensen, Steve Soper und Hans-Joachim Stuck die LMP1-Kategorie angeführt, während der zweite Wagen von Johnny Cecotto, Pierluigi Martini und Joachim Winkelhock sich nach einer Kollision mit einem Courage-Porsche wieder nach vorn arbeitete. Nach einigen weiteren Ausfällen feierte Porsche schließlich einen Sieg.

BMW gewinnt Le Mans

1999 kehrte BMW mit einem weiter verbesserten Fahrzeug, das jetzt LM Roadster hieß und dessen Front eine BMW-„Doppelniere" zierte, nach Le Mans zurück. Diesmal sollte es in München einiges zu feiern geben, denn Joachim Winkelhock, Pierluigi Martini und Yannick Dalmas brachten den LM Roadster mit einer Runde Vorsprung vor einem Toyota GT-ONE siegreich ins Ziel. Mercedes-Benz machte dagegen Negativschlagzeilen: Seine V8-bestückten CLR-LM-Wagen erwiesen sich als aerodynamisch instabil und hoben in Le Mans buchstäblich ab. Die Wagen mussten zurückgezogen werden, glücklicherweise ohne, dass sich zuvor einer der Salto schlagenden Fahrer Mark Webber und Peter Dumbreck verletzt hätte.

Abseits des Rennzirkus hatte BMW den Bau einer neuen Generation von Straßenfahrzeugen vorangetrieben, die das immer größere Selbstvertrauen der Münchener erneut bestätigte. Diese Automobile waren nicht nur schneller und besser als je zuvor, sondern sie eröffneten BMW auch völlig neue Horizonte. Die größten Zugpferde dieser modernen Produkte waren die neuen Generationen der 5er- und 3er-Limousinen.

Die 5er-Reihe E39 wurde auf der IAA 1995 vorgestellt. Das Styling orientierte sich mit seinen glatten aerodynamischen Linien an der Vorgänger-Baureihe E34 und integrierte

BMW 328i E46

Fertigung:	1997–2000
Motor:	6-Zylinder (Reihe), 2 oben liegende Nockenwellen, verstellbar (Doppel-Vanos), 24 Ventile, Leichtmetall-Zylinderkopf
Bohrung x Hub:	84 mm x 84 mm
Hubraum:	2793 ccm
Leistung:	193 PS (142 kW) bei 5500 1/min
Drehmoment:	285 Nm bei 3500 1/min
Gemisch-aufbereitung:	Elektronische Benzineinspritzung Siemens DME MS 42,0
Getriebe:	5-Gang, manuell, Einscheibentrockenkupplung
Chassis:	Selbsttragende Ganzstahlkarosserie
Aufhängung:	Vorn: McPherson-Federbeine; hinten: Mehrlenkerachse und Schraubenfedern
Bremsen:	Hydraulisch, Scheiben vorn und hinten
Fahrleistung:	max. 240 km/h; von 0 auf 100 km/h: 7 Sekunden

Rechts: *Die 3er-Baureihe E46 wies eine große Familienähnlichkeit mit der 5er-Reihe auf.*

Oben: *Wie schon die Modelle der vorhergehenden 3er-Baureihen gehörten auch die E46 zu den beliebtesten kompakten Luxusautomobilen.*

Oben: *Das für den Fahrer optimierte Layout der Bedienungselemente trat im Cockpit der Baureihe E46 deutlich zutage.*

Oben: Der BMW M Roadster hatte denselben Motor wie der M3 der Baureihe M36.

Unten: Der M Roadster besaß breitere Kotflügel und größere Räder als der Z3.

neuere BMW-Features wie die verglasten Frontscheinwerfer der 3er-Reihe. Die Meinungen über die Optik des neuen 5ers waren geteilt, aber für die Technik darunter gab es fast einstimmiges Lob. Leichtmetall wurde nun für die vorderen Querlenker und Federbeine, für die Hilfsrahmen und Bremssättel verwendet – all das reduzierte die ungefederte Masse, was Fahrgefühl und Handling verbesserte und das Gesamtgewicht zu Gunsten von Leistung und Verbrauch verringerte. Aufgrund des großen Fahrkomforts, der außergewöhnlichen Qualität und eines geräumigeren Innenraums als die Vorgänger-Generation fand die neue 5er-Reihe ein sehr positives Echo, und mit dem größeren Sechszylinder oder den kultivierten V8-Motoren galten ihre Modelle als die besten Allround-Automobile, die es für Geld zu kaufen gab. Wie erwartet, folgte der Limousine schon bald ein 5er-Touring, der 1997 herauskam.

Als die 3er-Reihe E46 im März 1998 in Genf vorgestellt wurde, war die Ähnlichkeit mit der 5er-Reihe unübersehbar. Anfangs gab es den neuen 3er nur als Viertürer, so wie dies schon bei der Vorgänger-Generation 1990 der Fall gewesen war, und mit einer Auswahl von fünf Motoren. Der BMW 318i besaß einen 1,9-Liter-Vierzylinder-M43-Motor mit gegenläufig zur Kurbelwelle rotierenden Ausgleichswellen, durch die man die bauartbedingten Vibrationen des Reihenvierzylinders eliminierte. Ausgleichswellen waren eine alte Idee, auf die Frederick Lanchester bereits vor dem Ersten Weltkrieg gekommen war und die seit den 1970er-Jahren in Automotoren von Mitsubishi, Fiat, Saab und Porsche (vielleicht am interes-

BMW M Roadster

Fertigung:	1997–2002
Motor:	6-Zylinder (Reihe), 2 oben liegende Nockenwellen, verstellbar (Doppel-Vanos), 24 Ventile, Leichtmetall-Zylinderköpfe
Bohrung x Hub:	86,4 mm x 91 mm
Hubraum:	3201 ccm
Leistung:	321 PS (236 kW) bei 7400 1/min
Drehmoment:	357 Nm bei 4900 1/min
Gemisch-aufbereitung:	Elektronische Benzin-einspritzung Siemens
Getriebe:	5-Gang, manuell, Ein-scheibentrockenkupplung
Chassis:	Selbsttragende Ganzstahlkarosserie
Aufhängung:	Vorn: McPherson-Federbeine; hinten: Schräglenker und Schraubenfedern
Bremsen:	Hydraulisch, Scheiben vorn und hinten
Fahrleistung:	250 km/h (abgeregelt); von 0 auf 100 km/h: 5,4 Sekunden

***Oben links:** Innen war der M Roadster mit edlem Leder ausgestattet.*

santesten für BMW) eine Renaissance feierten. Porsche baute Vierzylinder-Motoren von akzeptabler Laufruhe trotz Hubräumen von bis zu vollen 3 Litern. Im BMW-M43-Achtventiler gab es zudem eine variable Einlasssteuerung, womit das Drehmoment bei niedrigen Touren verbessert wurde, ohne die Maximalleistung zu beeinträchtigen.

Als Ergänzung zu diesem intelligenten Vierzylindermotor waren für die neue 3er-Reihe E46 auch drei verschiedene Sechszylinder erhältlich, der größte davon ein 2,8-Liter-Sechszylinder mit 193 PS und Doppel-Vanos-System, mit dem die Steuerzeiten der Einlass- und Auslassventile variiert werden konnten. Auch ein völlig neuer Turbodiesel stand mit dem 320d zur Verfügung, der erste Direkteinspritzer-Diesel von BMW. Bei solchen Direkteinspritzern steht dem Vorteil ihres günstigen Verbrauchs oft das typische und recht laute „Nageln" gegenüber, das BMW aber ab 2001 durch die Verwendung eines Zweistufen-Common-Rail-Direkteinspritzsystems minimieren konnte. Ein Turbolader mit variabler Geometrie half, die Gasannahme über den gesamten Drehzahlbereich zu verbessern, und die 136 PS der 1951-ccm-Maschine machten dieses Dieselautomobil viel interessanter als seinen Vierzylindervorgänger aus der älteren 3er-Reihe, der nur 90 PS aus 1,7 Liter leistete. Im Frühjahr 1999 kam ein 316i mit einem 1895-ccm-M43-Motor hinzu. Das zweitürige Coupé der Reihe wurde im selben Jahr vorgestellt. Diejenigen aber, die auf einen noch aufregenderen 3er – den M3 – warteten, mussten sich noch etwas gedulden.

Inzwischen führte BMW einige andere Hochleistungsmodelle ein. Dem Vierzylinder-Z3 folgte schon bald ein 2,8-Liter-Sechszylinder, und 1997 brachte man den M Roadster heraus. Er hatte den alten E36-M3-Motor – einen 3,2-Liter-24V-Reihensechser – unter der Haube, der nicht weniger als 321 PS leistete. Dasselbe Fahrgestell wurde auch für eine kuriose dreitürige Hardtopversion verwendet, die man als M Coupé bezeichnete. Beide Modelle beschleunigten von 0 auf 100 km/h in gut 5 Sekunden, und erst bei 250 km/h Höchstgeschwindigkeit griff die elektronische Tempobegrenzung ein.

Oben: *Ebenso wie der M Roadster besaß auch das M Coupé den 3,2-Liter-Motor des M3.*

Unten: *Das M Coupé war ebenso schnell wie der Roadster, allerdings wurde von manchem das Styling des Hecks, das an einen Lieferwagen erinnere, kritisiert.*

Ähnlich spektakuläre Daten präsentierte der BMW M5 der Baureihe E39 von 1998, auch wenn es sich hierbei in fast jeder Hinsicht um ein völlig anderes Fahrzeugkonzept handelte. Erstmals wurde ein BMW M5 von einem V8-Motor angetrieben, der vom 4,4-Liter-M62-V8 aus dem neuesten BMW 540 „abstammte" (eine aktualisierte Version des M60-V8, der sein Debüt in der 5er-Reihe E34 und der 7er-Reihe E38 gegeben hatte). Die S62-Version der ehemaligen Motorsport GmbH (nun nur noch M GmbH), war ein stark modifizierter 4941-ccm-Motor, der 400 PS leistete. Gesteuert wurde der Motor über ein elektronisches Gaspedal, das im Gegensatz zur mechanischen Drosselklappensteuerung elektronische Impulse an das Motormanagement weiterleitete. Ein „Sport"-Knopf am Armaturenbrett veränderte auf Wunsch des Fahrers das Ansprechverhalten des Pedals, das dann schon auf leichten Druck sehr sportlich reagierte. Gleichzeitig reduzierte sich die Unterstützung der Servotronic-Lenkung, wodurch die Lenkung direkter wurde.

Zusätzlich zu ABS und Traktionskontrolle gab es DSC (Dynamic Stability Control), das in schnellen Kurven automatisch ein oder mehrere Räder bremste und das Gas wegnahm, um ein Ausbrechen des Autos zu verhindern. Der BMW M5 erhielt die Leichtmetallaufhängung

Links: *Die dritte Generation des BMW M5 wich von den Sechszylindermotoren der Vorgängermodelle ab und hatte stattdessen einen 4,9-Liter-V8-Motor, der 400 PS leistete.*

Links unten: *Übersichtliche Instrumente – wie hier beim M5 – waren schon immer eine Stärke von BMW.*

BMW M5 E39

Fertigung:	1998–2002
Motor:	V8, 2 x 2 oben liegende Nockenwellen, 32 Ventile, Motorblock und Zylinderköpfe aus Leichtmetall
Bohrung x Hub:	94 mm x 89 mm
Hubraum:	4941 ccm
Leistung:	400 PS (294 kW) bei 6600 1/min
Drehmoment:	510 Nm bei 3800 1/min
Gemischaufbereitung:	Elektronische Benzineinspritzung Bosch DME MSS 52
Getriebe:	6-Gang, manuell oder sequenzielles manuelles Getriebe (SMG), Einscheibentrockenkupplung
Chassis:	Selbsttragende Ganzstahlkarosserie
Aufhängung:	Vorn: McPherson-Federbeine; hinten: Mehrlenkerachse und Schraubenfedern
Bremsen:	Hydraulisch, Scheiben vorn und hinten
Fahrleistung:	250 km/h (abgeregelt); von 0 auf 100 km/h: 5,3 Sekunden

der regulären 5er-Reihe und unterschied sich wie viele seiner Vorgänger in der Optik kaum von den normalen 5ern – jedoch gab die Dimension der vier Auspuff-Endrohre sofort einen Hinweis auf sein Leistungspotenzial. Der M5 war nicht nur schneller als alle seine Vorgänger, sondern auch hochwertiger und alltagstauglicher als je zuvor – eine ebenso praktische wie luxuriöse Limousine, die „zufällig" genauso schnell fuhr wie ein Ferrari.

Ferrari-Kunden hätten wohl mit der ästhetischen Überlegenheit ihres Fahrzeugs gekontert, doch bei der Präsentation des BMW Z8 Roadster im Jahr 1999 wäre die Maranello-Klientel wahrscheinlich kleinlauter geworden. Das große 8er-Coupé, dessen Produktion im selben Jahr eingestellt wurde, war ein kilometerfressender GT gewesen, aber der Z8 besaß einen völlig anderen Charakter. Er war einfach ein Traumwagen, der kolossale Leistung mit umwerfender Optik und Exklusivität kombinierte.

BMW Z8

Fertigung:	1999–2003
Motor:	V8, 2 x 2 oben liegende Nockenwellen, 32 Ventile, Motorblock und Zylinderköpfe aus Leichtmetall
Bohrung x Hub:	94 mm x 89 mm
Hubraum:	4941 ccm
Leistung:	400 PS (294 kW) bei 6600 1/min
Drehmoment:	510 Nm bei 3800 1/min
Gemisch-aufbereitung:	Elektronische Benzineinspritzung Bosch DME MSS 52
Getriebe:	6-Gang, manuell oder sequenzielles manuelles Getriebe (SMG); Einscheibentrockenkupplung
Chassis:	Selbsttragende Karosserie mit Alu-Spaceframe und Alu-Strukturblechen
Aufhängung:	Vorn: McPherson-Federbeine; hinten: Mehrlenkerachse und Schraubenfedern
Bremsen:	Hydraulisch, Scheiben vorn und hinten
Fahrleistung:	250 km/h; von 0 auf 100 km/h: 4,7 Sekunden

Vom BMW 507 inspiriert

Ebenso wie der Z3 Roadster war auch der Z8 vom legendären BMW 507 der späten 1950er-Jahre beeinflusst. Der dänische Designer Henrik Fisker hatte das Fahrzeug im neuen BMW-Design-Studio in Kalifornien entworfen, und es wurde 1997 als Konzeptstudie vorgestellt. Der Roadster, der zwei Jahre später in Serie ging, ähnelte diesem Konzept zwar noch, hatte aber nicht länger die an den Jaguar-D-Type oder den Mercedes SLR erinnernden Lufthutzen am Achterdeck – stattdessen gab es zwei Überrollbügel hinter den Sitzen. Die Nase und die seitlichen Entlüftungsschlitze zitierten deutlich den BMW 507, während Anklänge an den 1960er-Austin-Healey entlang der Seitenfalze auf Türgriffhöhe zu finden waren. Interessanterweise hatte es in England ein paar Jahre zuvor Gerüchte gegeben, dass der BMW-Vorstandsvorsitzende Bernd Pischetsrieder, ein Liebhaber klassischer Fahrzeuge, die Traditionsmarke Austin-Healey wieder beleben wolle, woraus dann allerdings nie etwas wurde.

Hatte das Styling noch Retro-Gefühle bedient, so war an der Technik mit Sicherheit nichts Altmodisches. Den Antrieb des Z8 übernahm der 400-PS-V8 aus dem M5, und dank seines geringeren Gewichts aufgrund vieler Leichtmetallbauteile war der Z8 sogar noch schneller als diese Luxuslimousine. So beschleunigte der Z8 von 0 auf 100 km in 4,7 Sekunden, schnell genug, um einen Ferrari 550 oder Aston Martin Vanquish (ebenfalls ein Fisker-Design) in Verlegenheit zu bringen. Wie die Produkte dieser berühmten Marken wurde auch der Z8 für einen kleinen, finanzkräftigen Kundenkreis in Handarbeit gefertigt.

Die letzte Version des M5, der Z8 und die Aussicht auf einen neuen M3 waren noch nicht alles, was BMW zu bieten hatte, denn die Fans durften sich auch auf die Rückkehr des weiß-blauen Logos in die Formel 1 freuen. Bevor Paul Rosche in den wohlverdienten Ruhestand ging, steckte er sein Können in einen neuen Grand-Prix-Motor, diesmal ein 3,5-Liter-V10 mit normaler Ansaugung, der 1999 erste Probeläufe absolvierte. Im Jahr 2000 sollte er den neuen BMW-Williams-Wagen antreiben – und München auf die Siegerstraße bringen.

Links: Der geteilte horizontale Grill und die seitlichen Entlüftungsschlitze des Z8 waren Reminiszenzen an den BMW 507.

Gegenüberliegende Seite: Der Z8 Roadster verdankte seine enorme Leistung dem V8-Motor, den er mit der M5-Limousine gemeinsam hatte.

Unten: Das erste BMW-Werk in den USA in Spartanburg, South Carolina. Dort werden der Z4 Roadster und der X5 SAV gebaut.

Spartanburg: BMW made in USA

IN DEN 1990er-Jahren erweiterte BMW nicht nur die Modellpalette, sondern begann sich auch von einem rein deutschen Unternehmen zu einem Global Player zu entwickeln. Bereits seit vielen Jahren bestand ein BMW-Werk in Südafrika, doch nun breitete die Müchener Firma ihre Flügel noch weiter aus. Der Kauf von Rover hatte BMW nach Großbritannien gebracht, wo das Unternehmen das ehemalige Morris-Werk in Cowley zur Produktionsstätte für den erfolgreichen Mini umorganisierte und in Hams Hall in den Midlands ein neues Motorenwerk errichtete.

Im Juni 1993 verkündete BMW Pläne für den Bau eines neuen Werks in Spartanburg, South Carolina. Die Bauarbeiten begannen im September desselben Jahres, und kaum ein Jahr später konnte die Produktion starten. Der erste in den USA hergestellte BMW, ein 318i, rollte am 8. September 1994 vom Band.

Zusätzlich zur Lieferung von Automobilen für den US-Markt wurde in Spartanburg ab September 1995 auch der Z3 Roadster produziert. Im Januar 1997 gesellte sich der M Roadster dazu. Die Produktion des Z3 Coupés und des M Coupés startete im Januar 1998, und im Mai begann man mit einer Vergrößerung der Produktionsstätten für den neuen X5 4x4. Der Erfolg der Roadster und des X5 waren so groß, dass im Juni 2000 eine erneute Erweiterung angekündigt wurde – und dann gab es Anfang 2001 einen doppelten Grund zum Feiern: Der 50 000. X5 und der 250 000. Roadster liefen vom Band.

Heute baut Spartanburg den X5-Offroader zu Tausenden, und seit 2002 wird hier auch der Z4 Roadster produziert. Jeden Sommer kehren viele dieser Fahrzeuge nach South Carolina zurück, wenn sich die Fans zum schon Tradition gewordenen „Roadster Homecoming“ hier versammeln.

COMPAQ
NORTEL NETWORKS

GENERATION X

1999–2004

Vorhergehende Seiten: Mit Le-Mans-Partner Williams kehrte BMW zur Formel 1 zurück. Hier Ralf Schumacher 2001 in Imola.

X5 SAV E53

Fertigung:	Ab 1999
Motor:	V8, 2 x 2 oben liegende Nockenwellen, 32 Ventile, Leichtmetall-Zylinderköpfe
Bohrung x Hub:	92 mm x 82,7 mm
Hubraum:	4398 ccm
Leistung:	286 PS (210 kW) bei 5400 1/min
Drehmoment:	449 Nm bei 3600 1/min
Gemisch-aufbereitung:	Elektronische Benzineinspritzung Bosch Motronic DME M 7.2
Getriebe:	5-Stufen-ZF-Automatik
Chassis:	Selbsttragende Ganzstahlkarosserie
Aufhängung:	Vorn: McPherson-Federbeine; hinten: Mehrlenkerachse und Schraubenfedern
Bremsen:	Hydraulisch, Scheiben vorn und hinten
Fahrleistung:	max. 207 km/h; 0 auf 100 km/h: 7,5 Sekunden

EIN BOOM leistungsstarker Fahrzeuge mit Allradantrieb erfasste in den 1980er-Jahren, ausgelöst durch das Erscheinen des Audi Quattro, die europäische Motorindustrie. Zwar ließ die Nachfrage nach Sportwagen mit Allradantrieb schon bald wieder nach, doch bei Limousinen und Kombis blieb die Antriebstechnik weiterhin gefragt. Die Allwettertauglichkeit war der Schlüssel zu ihrem Erfolg, und sie waren nicht nur bei deutschen und österreichischen Skisportlern sehr begehrt. BMW bot ab 1985 allradgetriebene Versionen der 3er- und 5er-Reihe an, die als BMW 325iX und BMW 525iX bezeichnet wurden und mit dem hoch entwickelten Ferguson-Antriebssystem ausgestattet waren. Dabei blockierte eine Kupplung automatisch, wenn sich eine Achse schneller als die andere drehte, und verbesserte so die Traktion unter ungünstigen Bedingungen.

In den 1990er-Jahren erlebte der Allradantrieb einen weiteren Aufschwung, als 4x4-Sitzer – in den USA „Sports Utility Vehicles“ (SUV) genannt – von reinen Nutzfahrzeugen in Automobile verwandelt wurden, die sowohl erschwinglich als auch straßentauglich waren. Der bis dahin einzige straßentauglich ausgelegte 4x4 war der Range Rover, der 1994 unter die Fittiche von BMW kam. Nun wurden SUV plötzlich zu allgemein begehrten Fahrzeugen, und die Verkäufe schossen kometenhaft in die Höhe.

Wenn BMW ein SUV schuf, konnte jedoch nicht einfach ein nützlicher 4x4-Kombi und ebenso wenig eine typische Offroad-Konstruktion dabei herauskommen. Als das neue Modell BMW X5 1999 auf der Detroit Motor Show vorgestellt wurde, bestaunte das Publikum daher ein typisches BMW-Hightech-Fahrzeug mit einer PKW-ähnlichen Monocoque-Struktur. Handling und Haftung des X5 glichen trotz des Gewichts und des hohen Schwerpunkts, der durch die Karosserie bedingt war, denen eines konventionellen Straßenfahrzeugs.

Das Ergebnis setzte neue Maßstäbe, was sich darin dokumentierte, dass BMW mit dem X5 eine eigene Klasse definierte: die „Sports Activity Vehicle" (SAV). Natürlich beeindruckte auch die Leistung des X5 in dieser Klasse. Frühe Modelle wurden mit den 4,4-Liter-V8-Alumotor der 5er-Reihe ausgestattet, was dem X5 eine Höchstgeschwindigkeit von 207 km/h und eine respektable Beschleunigung verlieh. Das Styling war ein weiteres Plus und verschmolz das massiv-robuste Aussehen eines Offroaders mit den traditionellen BMW-Stil-

Rechts: Der V12 aus dem Le-Mans-Fahrzeug wurde in einen experimentellen X5 gezwängt. Er brachte dem Automobil eine Höchstgeschwindigkeit von 309 km/h.

Gegenüberliegende Seite: Das X5 SAV (Sports Activity Vehicle) überraschte die Kritik durch seine Straßentauglichkeit und Leistung.

elementen. Das BMW-Werk in Spartanburg (USA), ohnehin für den Bau des neuen Modells erweitert, konnte die Fahrzeuge gar nicht schnell genug produzieren.

Um die Grenzen der Konstruktion richtig testen zu können, baute man einen schnelleren BMW X5 und stellte das Ergebnis auf dem Genfer Salon 2000 vor. Der Motorraum des X5 wurde für den M62-V8-Motor ausgelegt, sodass der verwandte (aber weitaus stärkere) M5/Z8 S62 V8 eine Option gewesen wäre. Die BMW-Ingenieure gingen sogar noch einen Schritt weiter und tauschten den V8 gegen den V12 des LM Roadsters aus. Ohne die in den Le-Mans-Regeln vorgeschriebenen 32-mm-Luftdrosseln entwickelte dieser Motor satte 700 PS. Das Automobil erhielt breitere Räder und Reifen, und man senkte die Karosserie vorn um 40 mm und hinten um 45 mm, um das Handling gegenüber dem bereits hohen Level des Standard-X5 noch weiter zu verbessern. Äußerlich gab es nur wenige Änderungen – die bemerkenswerteste war die Kühlöffnung in der Motorhaube. Die Kraftübertragung unter dem Blech entsprach zum größten Teil BMW-Serientechnik, obwohl man hinten eine Differenzialsperre aus dem M5 montiert hatte und ein 6-Gang-Getriebe aus dem CSi-Getriebe verwendete. Im Passagierraum dieses „Le-Mans-X5" gab es vier Rennsport-Schalensitze. Hans-Joachim Stuck testete das Fahrzeug am Nürburgring. Er erzielte damit Runden-

Oben: *Trotz seiner Wandlungsfähigkeit ist der X5 kein übliches Sports Utility Vehicle. Das Interieur besitzt jeden Komfort einer BMW-Luxuslimousine.*

Oben und rechts: Das Design der 7er-Reihe war einigen Kunden nicht exklusiv genug.

BMW 745i E65

Fertigung:	Ab 2001
Motor:	V8, 2 x 2 oben liegende Nockenwellen, 32 Ventile, variable Ventilsteuerung Valvetronic, variable Nockenwellensteuerung Doppel-Vanos, Leichtmetall-Zylinderköpfe
Bohrung x Hub:	92 mm x 82,7 mm
Hubraum:	4398 ccm
Leistung:	333 PS (245 kW) bei 6100 1/min
Drehmoment:	458 Nm bei 6100 1/min
Gemisch-aufbereitung:	Bosch-Motormanagement
Getriebe:	6-Stufen-ZF-Automatik
Chassis:	Selbsttragende Ganzstahlkarosserie
Aufhängung:	Vorn: McPherson-Federbeine; hinten: Mehrlenkerachse und Schraubenfedern
Bremsen:	Hydraulisch, Scheiben
Fahrleistung:	250 km/h; von 0 auf 100 km/h: 6,3 Sekunden

zeiten, die gewöhnlich nur Super Cars vorbehalten sind, und erreichte eine Höchstgeschwindigkeit von sage und schreibe 309 km/h.

2002 erfüllte sich der Wunsch all jener, die sich einen BMW X5 mit größerem Leistungsvermögen gewünscht hatten. Das neue Modell war mit einer 4,8-Liter-Version des V8-Motors mit 360 PS ausgerüstet, der eine Beschleunigung von 0 auf 100 km/h in 6,1 Sekunden und eine Höchstgeschwindigkeit von 246 km/h ermöglichte. Inzwischen wurde der 4,4-Liter-V8 überarbeitet und seine Leistung auf 320 PS erhöht. Außerdem war der BMW X5 nun auch mit 3-Liter-Sechszylinder-Benzin- und -Dieselmotoren erhältlich. Eine Zwei-Achs-Niveauregulierung mit Luftfederung komplettierte die Neuausstattung. Im Einstiegsmodus senkte sich das Fahrzeug um 20 mm, und der Offroadmodus erhöhte den X5 um 40 mm für zusätzliche Bodenfreiheit. Das Fahrzeug kehrte bei höheren Geschwindigkeiten automatisch in den Normalmodus zurück, um ein sicheres Handling zu gewährleisten, bei Verlangsamung stellte sich dann wieder der gewählte Modus ein.

2003 präsentierte BMW die nächste Errungenschaft in der Entwicklung der X-Reihe, den BMW X3. Erste Hinweise auf das Aussehen des neuen Fahrzeugs gab es auf der Auto Show in Detroit, wo BMW ein Concept Car namens xActivity vorstellte – ein Allrad-Fahrzeug, bei dem sich die Grenzen zwischen dem X5-ähnlichen „Sports Activity Vehicle" und einem viersitzigen Cabrio verwischten. Der BMW X3 war etwas kleiner als der BMW X5 und sollte Merkmale einer agilen Limousine und eines praktischen 4x4 kombinieren. Er verfügte über das intelligente Allradsystem xDrive, das die Antriebskraft je nach Situation variabel zwischen Vorder- und Hinterachse verteilte. Als Motoren standen ein 3-Liter-Sechszylinderreihenmotor-Benziner mit 231 PS und ein hubraumgleicher Diesel mit Common-Rail-Technik zur Auswahl. Das Styling des X3 war einen Touch leichter und schlanker als das des X5.

Oben: *Der Amerikaner Chris Bangle schuf einige der umstrittensten BMW-Designs.*

Inzwischen war auf der Detroit Motor Show 2001 das Concept Car X Coupé vorgestellt worden, das den Grundriss des BMW X5 mit einer radikal neuen „Oberfläche" verband. Die Idee eines Coupés mit Allradantrieb, Offroadeignung und einem 3-Liter-Dieselmotor war schon ungewöhnlich genug, aber das Styling des X Coupés machte Schlagzeilen. BMWs neuer Chefdesigner Chris Bangle nannte es „flame surfacing", und in einem Statement von BMW erklärte man, dass dieses Styling den „Karosserieflächen Freiheit verleihen" könne und eine Reihe konkaver und konvexer Designlinien schaffe. Das Ergebnis war eine Mischung aus Kurven und Kanten, die gegen alle Konventionen verstieß, die Meinungen polarisierte und besser zu extravaganten Fahrzeugen wie Coupés und Roadstern passte als zu Limousinen.

Oben: *Das „flame surfacing"-Styling machte auf der Detroit Motorshow 2001 Furore.*

So war es vielleicht eine unglückliche Entscheidung von BMW, dass Bangles „flame surfacing" in der Serienfertigung ausgerechnet bei zwei Limousinen-Baureihen debütierte, und zwar zuerst bei der neuen 7er-Generation, die 2001 in Frankfurt vorgestellt wurde. In dem eher konservativen Marktsegment kam das extravagante neue Styling nicht gut an. Innen war die neue 7er-Reihe aber nicht minder innovativ. Das neue „Kontroll-Layout", bei BMW als iDrive bezeichnet, sollte das Armaturenbrett vereinfachen, das mit der Zunahme an elektronischen Systemen in Luxusfahrzeugen immer komplizierter geworden war. Da die 7er-Reihe mit Satelliten-Navigation, Klimaautomatik, Autotelefon in dieser Hinsicht besser ausgerüstet war als die meisten anderen Automobile, versuchte iDrive mittels eines einzigen runden Knopfes an der Mittelkonsole der Komplexität Herr zu werden. Mit diesem Knopf konnten zahlreiche Hilfsfunktionen über ein menügesteuertes System ausgeführt werden, was die Zahl der einzelnen Elemente am Armaturenbrett reduzierte und den Innenraum übersichtlicher machte. Die Bedienelemente waren vor dem Fahrer platziert – selbst die Tasten für das Automatikgetriebe befanden sich am Lenkrad.

Oben: *Das X Coupé war ein radikales Allradcoupé mit Dieselmotor.*

Bei ihrem Erscheinen war die neue 7er-Reihe mit zwei verschiedenen V8-Motoren erhältlich. Die neuen Modelle besaßen die variable Nockenwellensteuerung Doppel-Vanos sowie die vollvariable Ventilsteuerung Valvetronic. Letztere reguliert die Menge des Kraftstoff-Luft-

Oben: Mit dem X3 wurde xDrive eingeführt, ein intelligentes Allradkonzept, mit dem man auf jedem Untergrund spürbar an Traktion gewinnt.

gemisches, das in die Zylinder eintritt, ohne dass dabei die herkömmlichen Drosselklappen notwendig sind. Dies verbesserte die Leistung der beiden neuen Modelle BMW 735i und BMW 745i gegenüber ihren Vorgängern und senkte gleichzeitig ihren Kraftstoffverbrauch. Beide waren wie üblich elektronisch auf 250 km/h abgeregelt, und der 333 PS starke BMW 745i beschleunigte von 0 auf 100 km/h in 6,3 Sekunden. Die Fahrzeuge wurden als erste Serienmodelle mit einem Multimodus-6-Gang-Automatikgetriebe ausgestattet. Zum Standard gehörten außerdem eine ganze Reihe elektronischer Sichherheitssysteme, wie etwa ein aktives Fahrwerksregelsystem, das die Wankbewegungen des Fahrzeugaufbaus bei Kurvenfahrt auf ein Minimum reduzierte. 2002 kamen mit dem BMW 735Li und dem BMW 745Li zwei Versionen mit langem Radstand heraus. Der Erfolg dieser und der übrigen BMW-Modelle ließ den Jahresabsatz erstmals auf über eine Million Fahrzeuge ansteigen.

Ein ganz und gar moderner Mini

Zu diesem Produktionsrekord trug auch ein Automobil bei, das BMW den Einstieg in ein neues Marktsegment ermöglicht hatte. Zwar hatten die Münchener den Löwenanteil der Rover-Gruppe im Jahr 2000 verkauft, aber zugleich entschieden, die Werksanlagen in Cowley und die Marke Mini zu behalten. Die Produktion des alten Mini endete 2000 nach über fünf Millionen Exemplaren, und schon 2001 begann man in Cowley mit dem Bau eines vollkommen neuen Mini, der sich aber natürlich vom überaus beliebten Design des Originals inspirieren ließ. Er war der erste BMW mit Frontantrieb und wurde nicht lange nach seinem Erscheinen zu einem der gefragtesten Kleinwagen auf dem Markt. Dies verdankte er gleichermaßen

Oben: Versionen der 7er-Reihe mit langem Radstand wurden 2002 eingeführt. Von der zusätzlichen Länge profitierten die Passagiere im Fond durch große Beinfreiheit.

der Qualität seiner Konstruktion wie seinem flotten Aussehen. Ein neuer Motor, der gemeinsam mit Chrysler gebaut wurde, verlieh dem Einstiegsmodell Mini One 90 PS und dem sportlicheren Mini Cooper 115 PS. Im selben Jahr wurde der Mini Cooper S mit einem 1,6-Liter-Kompressormotor und einer Leistung von 163 PS präsentiert.

2003 hatte das „flame surfacing" mit der Präsentation der neuen 5er-Reihe seinen zweiten Auftritt. Die Verwendung von viel Aluminium machte die Fahrzeuge dieser 5er-Generation leichter als ihre Vorgänger. Außerdem profitierte die neue Reihe von den jüngsten Doppel-Vanos-V8- und Common-Rail-Dieselmotoren sowie den 2- und 2,5-Liter-Sechszylinder-Benzinmotoren. Zusätzlich zu den elektronischen Systemen, die bereits aus der 7er-Reihe bekannt waren, konnte der neue Fünfer mit Aktivlenkung geordert werden, einem System, das bei niedrigen und mittleren Geschwindigkeiten einen vergrößerten Lenkwinkel der Vorderräder erzeugt. Dies führt zu einer präziseren und direkteren Lenkung und macht das Fahrzeug vor allem auf kurvenreichen Strecken agiler. Das Interieur dominierte ein iDrive-System der zweiten Generation, und es gab sogar eine Klimaautomatik, die die Luftfeuchtigkeit regulierte und so ein Austrocknen der Luft wie bei herkömmlichen Systemen verhinderte.

Die 7er-Reihe war bereits durch die Einführung der Modelle mit langem Radstand verstärkt worden und expandierte 2003 erneut. BMW ergänzte zwei Dieselmodelle, einen

Oben: Das neue 6er-Coupé folgte 2003. Es gab auch eine Cabrioversion, die erste in dieser Klasse seit den 1950er-Jahren.

Mini Cooper S

Fertigung:	Ab 2002
Motor:	4-Zylinder (Reihe), quer montiert, 1 oben liegende Nockenwelle, 16 Ventile, Leichtmetall-Zylinderköpfe
Bohrung x Hub:	77 mm x 85,8 mm
Hubraum:	1598 ccm
Leistung:	163 PS (120 kW) bei 6000 1/min
Drehmoment:	210 Nm bei 4000 1/min
Gemisch-aufbereitung:	Siemens Motor-Management
Getriebe:	6-Gang, manuell, Einscheibentrockenkupplung
Chassis:	Selbsttragende Ganzstahlkarosserie
Aufhängung:	Vorn: McPherson-Federbeine; hinten: Mehrlenkerachse und Schraubenfedern
Bremsen:	Hydraulisch, Scheiben vorn und hinten
Fahrleistung:	max. 218 km/h; von 0 auf 100 km/h: 7,4 Sekunden

Kleines Bild: *Schon der „schwächste" Mini One mit 90 PS bringt großen Fahrspaß. Alle Minis werden im ehemaligen Roverwerk in Cowley, Großbritannien, gebaut.*

Rechts: *Bei der Neuauflage des Mini legte BMW Wert auf Qualität, Design und Fahrspaß. Der Mini Cooper S ist am Ladeluftkühler-Lufteinlass in der Motorhaube zu erkennen.*

RL04 EUH

BMW Z4 Roadster 3,0

Fertigung:	Ab 2002
Motor:	6-Zylinder (Reihe), 2 oben liegende Nockenwellen, 24 Ventile, Doppel-Vanos, variable Nockenwellenverstellung, Leichtmetall-Zylinderköpfe
Bohrung x Hub:	84 mm x 89,6 mm
Hubraum:	2979 ccm
Leistung:	231 PS (170 kW) bei 5900 1/min
Drehmoment:	300 Nm bei 3500 1/minn
Gemisch-aufbereitung:	Siemens-Motormanagement
Getriebe:	6-Gang, manuell, Einscheibentrockenkupplung
Chassis:	Selbsttragende Ganzstahlkarosserie
Aufhängung:	Vorn: McPherson-Federbeine; hinten: Zentrallenker mit Aluquerlenker
Bremsen:	Hydraulisch, Scheiben vorn und hinten, ABS
Fahrleistung:	250 km/h; von 0 auf 100 km/h: 5,9 Sekunden

3-Liter-Sechszylinder und einen 4-Liter-V8. Beide boten die Fahrkultur eines Benzinmotors, einen ökonomischen Verbrauch und auch am Drehzahlende noch ein gutes Drehmoment.

Am oberen Ende des Produktangebots erschienen der BMW 760i und der BMW 760Li mit langem Radstand und einem neuen 6-Liter-V12er, der von der modernsten BMW-Motorentechnik profitierte. Die vollvariable Ventilsteuerung Valvetronic sowie Direkteinspritzung plus variabler Nockenwellensteuerung Doppel-Vanos verhalfen dem V12 trotz der hohen Leistung von 408 PS und 600 Nm zu einem sparsamen Kraftstoffverbrauch. Ebenfalls im Jahr 2003 wurden Hochsicherheitsversionen der 7er eingeführt, die mit einer integrierten doppelten Stahlpanzerung ausgestattet waren. Diese wurde im Gegensatz zu vielen anderen Sicherheitsfahrzeugen, deren Panzerung erst nach dem Bau des Fahrzeugs installiert wurde, bereits während der Herstellung (in Dingolfing) eingebaut, wodurch garantiert war, dass Bereiche wie die Säulen oder Stützen ebenfalls gut geschützt waren. Im Test bewies das Fahrzeug, dass es Explosionen und Angriffen mit Waffen vom Kaliber 7,62 mm widerstehen konnte, sodass es die höchste Einstufung B6/B7 von den Sicherheitsbehörden erhielt. Solche Hochsicherheits-BMWs werden von Regierungsmitgliedern und Vorstandsvorsitzenden von Konzernen überall in der Welt benutzt. Ihre Höchstgeschwindigkeit lag mit 210 km/h etwas unter der der regulären 7er-Serienmodelle.

Auch von der 3er-Reihe war eine gepanzerte Version, der BMW 330i Security, erhältlich, die zum Schutz gegen Diebstahl, Raubüberfälle oder Entführungen gedacht war. Die 3er-Reihe E46 gehörte noch zu der schwindenden Zahl von BMW-Modellen der „alten Schule", die noch aus der Zeit vor der „flame-surfacing"-Ära stammten. Die lang erwartete M3-Version erwies sich als 343-PS-Geschoss und war mit einer neuen variablen M-Differenzialsperre ausgestattet, welche die Traktion auf glatten Straßenoberflächen verbesserte. Auch einige noch schnellere CSL-Versionen des M3, die 110 kg leichter als die regulären M3 waren, gingen 2003 in Produktion. Diese Gewichtsreduzierung war der Verwendung von Kohlefaser für einige Innen- und Außenpaneele und dem Verzicht auf Klimaanlage und Radio zu verdanken (die aber als kostenlose Optionen dennoch erhältlich waren). Veränderungen am Atmungssystem des Motors erhöhten die Leistung des CSL auf 360 PS.

Das 6er-Coupé, das später in diesem Jahr folgte, markierte eine Rückkehr auf den Markt der Luxus-Coupés, den man mit der Einführung der 8er-Reihe verlassen hatte. Hier kam das „flame surfacing" besser an als in der 5er- und 7er-Reihe. BMW gelang es, mit den fließenden Linien Front und Heck harmonisch zu gestalten. Der neue 6er hatte gewiss Stil, und wie die meisten der neuesten BMW-Modelle führte er eine Gruppe innovativer Sonderausstattungen ein. Ein so genanntes Head-Up-Display lieferte fahrrelevante Informationen direkt ins Blickfeld des Fahrzeuglenkers, während das adaptive Kurvenlicht voraus liegende Kurven durch eine elektromechanische Steuerung der beweglichen Scheinwerfer ausleuchtete, sobald der Fahrer in sie einlenkte.

Willkommen Z4

Ein herzlicher Empfang wurde auch dem BMW Z4 Roadster zuteil. Hier war das moderne Styling mit seinen fließenden Linien völlig am Platze und machte den Z4 zu einer außergewöhnlichen und erfrischenden Neuerung auf dem Roadster-Markt – auf dem schon immer ebenso viel Wert auf Stil wie auf Leistung gelegt wurde. Naürlich mangelte es dem Z4 kei-

Oben und gegenüberliegende Seite: *Der Z4 Roadster war das erfolgreichste Modell, das Chris Bangles „flame surfacing" aufnahm.*

Unten: *Leistung ist eine der Stärken des Z4, vielleicht kommt noch eine M-Version dazu.*

Das Rover-Intermezzo

DER ERWERB des britischen Rover-Konzerns sollte BMW zu einem „Universalhersteller" machen, der in allen Marktsegmenten Produkte anzubieten hatte. Rovers preiswertere Erzeugnisse reihten sich genau unterhalb von BMWs Premium-Produkten ein und ermöglichten es dem Münchener Unternehmen, am Markt zu expandieren, ohne die Marke BMW selbst abzuwerten.

Trotz des Optimismus, mit der man die Übernahme 1994 begrüßt hatte, dauerte das Gastspiel als Eigentümer des britischen Konzerns gerade einmal sechs – verlustreiche – Jahre. Alle Investitionen in neue Produkte und die Modernisierung der Produktionsanlagen machten die Rover-Gruppe nicht profitabel. Der „Englische Patient" schwächte BMW so sehr, dass sogar Gerüchte über eine eventuelle Übernahme des Münchener Unternehmens durch Ford oder VW kursierten.

Als letzten Versuch präsentierte man 1998 den Rover 75, ein schönes Mittelklassefahrzeug. Da der BMW-Vorstandsvorsitzende Pischetsrieder zugleich andeutete, dass das Werk Longbridge damit vor einer Schließung keineswegs sicher war, stand plötzlich die Bedrohung des Werks und nicht das neue Auto im Mittelpunkt des Interesses. Noch schlimmer war, dass sich die Produktion wegen Qualitätsmängeln verzögerte und sich der Rover 75, als er dann endlich erschien, weniger gut verkaufte als geplant.

Im Jahr 2000 gab BMW die Fehlkalkulation zu, und der neue Produktionsvorsitzende Professor Joachim Milberg (Pischetsrieder hatte 1999 seinen Hut nehmen müssen) verkaufte Land Rover, den einzigen Teil der Gruppe mit viel versprechenden Produkten, an Ford. Dort wurde er neben Jaguar, Aston Martin, Volvo und Lincoln Teil von Fords Luxusmarkengruppe „Premier Automotive Group". Deren Vorstand war kein anderer als Dr. Wolfgang Reitzle, der BMW nach Unstimmigkeiten mit dem Aufsichtsrat verlassen hatte. BMW behielt die Marke Mini und den neuen Mini bei. Dieser sollte kurz danach im Werk Cowley in Serie gehen, das nun BMW Oxford hieß. Die Wagniskapitalgeber Alchemy Partners zeigten Interesse am Rest, aber am Ende übernahm ihn die Phoenix-Gruppe um den ehemaligen Rover-Chef John Towers. Im Mai 2000 kaufte die Gruppe Rest-Rover für den symbolischen Preis von 10 £.

Oben rechts: *Ein Mini-Cabrio zwischen Yellow Cabs im New Yorker Straßenverkehr.*

Rechts: *Der kleine britische Sportwagenhersteller Morgan entschied sich in seinem neuen Aero 8 für einen BMW-Motor.*

neswegs an Geschwindigkeit. Sein 2,5-Liter- bzw. 3-Liter-Reihensechszylinder sorgte mit 231 PS für genügend Sportlichkeit. Später gesellten sich ein 2,2-Liter-Sechser dazu sowie ein Einstiegsmodell mit einem 2-Liter-Vierzylinder-Motor, das den Z4 einem größeren Kundenkreis erschwinglich machte. Mit dem Roadster S, dessen 3,3-Liter-Motor 300 PS entwickelte, schuf Alpina eine Z4-Variante für alle, die sich noch mehr Leistung wünschten.

Der Z4 war der erste BMW, der eine elektrische statt einer hydraulischen Lenkkraftunterstützung besaß – was sich positiv auf den Kraftstoffverbrauch auswirkte, da sie im Gegensatz zur hydraulischen Unterstützung bei der Geradeausfahrt keine Energie verbrauchte. Außerdem konnte mit einer zuschaltbaren Fahrdynamik Control (Sportmodus) per Knopfdruck die Lenkunterstützung für ein sportlicheres Handling reduziert werden. Gleichzeitig sprach der Motor noch spontaner auf die Betätigung des Gaspedals an, was beim Automatikgetriebe den Wechsel ins Sportprogramm, beim SMG eine Verkürzung der Schaltzeiten beinhaltete. Eine weitere Innovation war der Einsatz von PAX-Reifen mit verbesserten Notlaufeigenschaften, die mit der Zeit auch bei anderen BMW-Modellen zum Einsatz kamen. Obwohl PAX-Reifen härter abrollen als herkömmliche Gummireifen, wiegen die Sicherheitsvorteile diesen kleinen Nachteil bei weitem auf.

Vielleicht noch mehr Stil, wenn auch etwas weniger elektronische Ausrüstung bot der britische Sportwagenhersteller Morgan, der sich nach jahrelangem Einsatz des altbewährten Rover-V8-Motors nach einem stärkeren und moderneren Triebwerk umgesehen hatte und bei BMW fündig geworden war. Das Unternehmen, das für das nostalgische Styling seiner Fahrzeuge bekannt ist, integrierte in das Aluminium-Chassis seines neuesten Modells Aero 8 – das aus den GT-Rennsportfahrzeugen entwickelt worden war – den 4,4-Liter-M62-V8-BMW-Motor sowie ein 6-Gang-Getrag-Getriebe. Mit 286 PS entwickelte das Fahrzeug die Leistungen eines hochmodernen Supercars. Der Aero 8 beschleunigte ohne Probleme in 5 Sekunden von 0 auf 100 km/h und durchbrach – trotz seiner noch immer nicht sehr

BMW M3 CSL

Fertigung:	2003
Motor:	6-Zylinder (Reihe), 2 oben liegende Nockenwellen, 24 Ventile, Doppel-Vanos, variable Nockenwellenverstellung, Leichtmetall-Zylinderköpfe
Bohrung x Hub:	97 mm x 91 mm
Hubraum:	3246 ccm
Leistung:	360 PS (262 kW) bei 7900 1/min
Drehmoment:	376 Nm bei 4900 1/min
Gemischaufbereitung:	Siemens-Motormanagement
Getriebe:	6-Gang, sequenzielles M-Getriebe (SMG Drivelogic) mit Lenkradpaddles (Schaltwippen)
Chassis:	Selbsttragende Ganzstahlkarosserie
Aufhängung:	Vorn: McPherson-Federbeine; hinten: Mehrlenkerachse und Schraubenfedern
Bremsen:	Hydraulisch, Scheiben, ABS
Fahrleistung:	250 km/h; von 0 auf 100 km/h: 4,9 Sekunden

Oben: *Der modifizierte M3-Motor verbesserte die Leistung der CSL-Version auf 360 PS.*

Links: *Durch den Verzicht auf Klimaanlage und Radio sowie die Verwendung von einigen Kohlefaserkomponenten hat der M3 CSL ein geringeres Gewicht als die Standardversion.*

Oben: BMW-Williams-Pilot Juan Pablo Montoya kämpfte gegen Kimi Räikkönen auf McLaren und Michael Schumacher auf Ferrari um die Weltmeisterschaft 2003.

aerodynamischen Form (die allerdings schon weitaus günstiger gestaltet war als die früherer Morgan-Modelle) – die magische 250-km/h-Barriere.

Mit Williams zurück zur Formel 1

Noch wesentlich schneller waren die von BMW-Motoren angetriebenen Produkte eines anderen britischen Autobauers – nämlich die von Williams in der Formel 1. Das Williams-Team hatte seit den glorreichen Tagen 1996 und 1997, als Damon Hill und Jacques Villeneuve mit Renault-Motoren zweimal hintereinander den WM-Titel geholt hatten, schwer zu kämpfen gehabt. Renault hatte sich 1997 aus der Formel 1 zurückgezogen, aber privat präparierte Versionen von Renault-Motoren dienten unter den Namen Mecachrome und Supertec 1998 und 1999 weiterhin als Antrieb von Williams-Wagen. Die Allianz von BMW und Williams, die in Le Mans triumphiert hatte, wurde nun auch in der Formel 1 fortgesetzt. BMWs E41-4-V10-Motor lief im April 1999 erstmals in einem Williams-Chassis, bevor er in der folgenden Saison sein Grand-Prix-Debüt gab. Die Fahrer waren Ralf Schumacher und der junge Jenson Button, der 2001 vom ehemaligen Champ-Car-Fahrer Juan Pablo Montoya ersetzt wurde.

Ralf Schumacher wurde beim ersten Grand-Prix-Start des BMW-Williams in Australien Dritter. Schon bald hatten sich die BMW-Motoren als die stärksten der Formel 1 einen Namen gemacht, auch wenn ihre Zuverlässigkeit noch zu wünschen übrig ließ. In Brasilien setzte Montoya seine Champ-Car-Erfahrung ein, um Michael Schumachers Ferrari abzudrängen, als das Feld nach einer Safety-Car-Phase erneut startete. Er lag in Führung, bis sein

BMW baut das exklusivste Automobil der Welt

ROLLS-ROYCE- UND Bentley-Automobile wurden bis 2003 in Crewe in England hergestellt. Als die Konzernmutter Vickers 1977 den Verkauf beschloss, unterbreitete BMW, damals Motorenlieferant für Rolls-Royce/Bentley, ein Angebot. Einen Monat später kam auch eine Offerte von VW samt dem Plan, die Cosworth-Technologie von Vickers zu erwerben. 1998 einigte man sich darauf, dass VW die Fabrik in Crewe und den Bau von Rolls-Royce- und Bentley-Automobilen bis 2003 übernahm; dann sollte die Marke Rolls-Royce auf BMW übergehen.

Bei BMW hatte man beschlossen, dass der neue Produktionsstandort von Rolls-Royce in Großbritannien bleiben solle. Wichtig war die Nähe zu einer Teststrecke und natürlich eine fähige Belegschaft. BMW wollte das Werk zudem in einem attraktiven Teil des Landes ansiedeln, da zu erwarten war, dass viele Rolls-Royce-Kunden das Werk besichtigen würden. Schließlich wählte man Goodwood in Sussex, das in der Nähe einer berühmten Rennstrecke liegt.

Im Juni 2002 hatte BMW mit dem Phantom den ersten eigenen Rolls-Royce gebaut. Der von Grund auf neue Phantom besaß eine Alu-Spaceframe-Karosserie und einen speziell konstruierten 6,75-Liter-V12-Motor, der 453 PS leistete. Mühelos verlieh er dem Rolls-Royce eine Höchstgeschwindigkeit von 240 km/h und eine Beschleunigung von 0 auf 100 km/h in nur 5,7 Sekunden. Hinten verankerte „Kutschentüren" erleichterten den Einstieg in den Fond. Viele clevere Details – von der versenkbaren Kühlerfigur bis hin zum RR-Logo auf den Rädern, das trotz Drehung immer aufrecht steht – veredeln die Luxuskarosse zusätzlich. Mit einem Preis von über 320 000 EUR bleibt der Phantom das teuerste und exklusivste Auto im Angebot von BMW.

Rolls-Royce Phantom

Fertigung:	Ab 2003
Motor:	V12, 2 x 2 oben liegende Nockenwellen, 48 Ventile
Bohrung x Hub:	84,6 mm x 92 mm
Hubraum:	6749 ccm
Leistung:	453 PS (330 kW) bei 5350 1/min
Drehmoment:	732 Nm bei 3500 1/min
Gemischaufbereitung:	Direkteinspritzung
Getriebe:	6-Gang-ZF-Automatik
Chassis:	Alu-Spaceframe und Alu-Strukturbleche
Aufhängung:	Vorn: Querlenker und Luftfedern; hinten: Mehrlenkerachse und Luftfedern
Bremsen:	Hydraulisch, Scheiben vorn und hinten, ABS
Fahrleistung:	max. 240 km/h; von 0 auf 100 km/h: 5,7 Sekunden

***Oben links:** BMW übernahm die Marke Rolls-Royce 2003 und baute in Goodwood ein neues Werk zur Produktion des Phantom.*

BMW-Williams von Jos Verstappens Arrows berührt wurde. In Imola holte Ralf Schumacher den ersten Sieg für das Team, das in diesem Jahr noch weitere gute Ergebnisse verbuchen konnte. In der Saison 2002 demonstrierte der BMW-Motor nach Anlaufschwierigkeiten seine Leistungsfähigkeit, und Montoya stellte seine fahrerische Klasse mit einer Reihe von Pole Positions unter Beweis. 2003 lieferten sich Montoya, Kimi Räikkönen und Michael Schumacher einen heißen Kampf um den WM-Titel, den Michael Schumacher schließlich für sich entscheiden konnte. Mit Motoren, die vielleicht die leistungsstärksten der Formel 1 waren, fuhren die BMW-Williams-Piloten regelmäßig ganz vorn mit – BMW war zurückgekehrt, um sich erneut der Herausforderung um die Weltmeisterschaft zu stellen.

M NU 4249

HEUTE UND
MORGEN
2004 UND DANACH

__Vorhergehende Seiten:__ Ende 2004 veröffentlichte BMW die ersten offiziellen Fotos der neuen 3er-Reihe.

BMW-Williams FW26

Rennsaison:	2004
Motor:	BMW P83 V10, 40 pneumatische Ventile, Motorblock und Zylinderköpfe aus Aluminium
Bohrung x Hub:	Nicht bekannt – etwa 89 mm x 48 mm
Hubraum:	2998 ccm
Leistung:	Nicht bekannt – etwa 900 PS (657 kW) bei 18500 1/min
Drehmoment:	Nicht bekannt – etwa 407 Nm bei 16000 1/min
Gemisch-aufbereitung:	BMW-Motormanagement
Getriebe:	7-Gang-Halbautomatik
Chassis:	Karbon-Aramid-Epoxid-Verbunde
Aufhängung:	Vorn: Doppelquerlenker; hinten: Doppelquerlenker
Bremsen:	Scheiben und Beläge aus Karbon, AP-Sättel
Fahrleistung:	ca. 360 km/h; von 0 auf 100 km/h: 2,5 Sekunden*, von 0 auf 200 km/h: 4,5 Sekunden*

** hängt von der Übersetzung ab, die je nach Rennstrecke variiert*

NACH DEM für BMW-Williams so erfolgreichen Jahr 2003, in dem das Team den zweiten Platz in der Formel-1-Konstrukteurswertung errang und Juan Pablo Montoya im Kampf um den Fahrertitel Dritter wurde, erwies sich die Saison 2004 als frustrierend, denn man hatte sich viel vorgenommen. Der FW26 erhielt eine neue breitere Frontpartie mit sichelförmigen Frontflügeln, die den Luftstrom unter dem Fahrzeug beruhigen sollte. Die Power stammte vom neuen V10-Motor, dem P83 mit pneumatischen Ventilen, der auf über 19000 1/min hochdrehen konnte und über 900 PS leistete.

Michael Schumachers Ferrari dominierte zu Saisonbeginn, kollidierte dann aber mit Montoyas Williams im Tunnel von Monaco, während das Feld hinter dem Safety Car herfuhr. Zur Saisonmitte begann Michael Schumacher seinen Rekordsiegeszug, während bei Williams Sam Michael den Posten des Technischen Direktors von Patrick Head übernahm. Beim Großen Preis von Kanada wurden beide Williams wegen unzulässiger Bremskühlleitungen disqualifiziert. Sam Michael akzeptierte die Entscheidung, wies aber darauf hin, dass der Eintrittsbereich nicht größer war als erlaubt und man also keinen Leistungsvorteil erzielt hatte.

Noch schlimmer kam es in Indianapolis, als Ralf Schumacher einen schweren Unfall hatte. Er fiel daher einen großen Teil der zweiten Saisonhälfte aus und wurde abwechselnd von Williams-Testfahrer Marc Gené und dem ehemaligen Jaguarpiloten Antonio Pizzonia ersetzt. Montoya erlebte eine erneute Disqualifikation, diesmal wegen eines verbotenen Überholmanövers in der Pace-Car-Phase, nachdem sein Rennwagen Probleme gemacht hatte.

Beim Großen Preis von Ungarn war Williams zu einer konventionelleren Frontpartie für die Rennwagen zurückgekehrt, und es stand inzwischen fest, dass beide Williams-Piloten im Jahr 2005 zu anderen Teams wechseln würden, Ralf Schumacher zu Toyota und Juan Pablo Montoya zu McLaren-Mercedes. Der australische Jaguar-Pilot Mark Webber wurde für den einen BMW-Williams verpflichtet, doch die Wahl des zweiten Fahrers entwickelte sich zu einem langwierigen Prozess. Im Gespräch war zunächst Jenson Button, der 2004 für das BAR-Team gefahren war. Doch BAR wollte seinen Starpiloten behalten und verwies auf den laufenden Vertrag mit Button, der auch für 2005 gelte. Eine Kommission der Formel 1 bestätigte

__Rechts:__ Der Kolumbianer Juan Pablo Montoya wurde bei der Weltmeisterschaft 2003 Dritter.

BARs Ansprüche, und so kam der Wechsel erstmal nicht zu Stande. Daraufhin waren Williams-Testfahrer Pizzonia und Nick Heidfeld als Partner Webbers im Gespräch; schließlich entschied man sich für den Deutschen, der zuvor bei Jordan unter Vertrag gestanden hatte.

__Oben:__ Ralf Schumacher im BMW-Williams FW26 mit der verbreiterten Frontpartie in Albert Park, Melbourne 2004.

Formel BMW

So mancher F-1-Spitzen-Fahrer kam aus der Talentschmiede der Formel BMW – darunter Bruno Senna, der Neffe des großen Ayrton Senna. Die Wagen ähneln Mini-F-1-Wagen mit Flügeln und Rennreifen, wobei die Frontflügelstützen eine Art BMW-Nierengrill bilden. Alle Formel-BMW-Wagen verfügen über einen 140-PS-BMW-Motorradmotor, sodass es aufgrund der Leistungsausgeglichenheit der Wagen zu spannenden Rennen kommt. Es gibt vier Formel-BMW-Meisterschaften – in Asien, Deutschland, Großbritannien und den USA –, die im Rahmen der Formel-1-Veranstaltungen ausgetragen werden.

BMW-Williams: Allianz für die Formel 1

FRANK WILLIAMS begann seine Motorsportkarriere als Fahrer, stieg aber schon recht bald als Leiter der Brabham-F-2- und -F-1-Teams 1968/69 und des de-Tomaso-F-1-Teams 1970 ins Managment ein. Das Team um Williams fuhr dann March-Wagen, um schließlich seine eigenen, von Len Bailey entworfenen Fahrzeuge zu managen, die als Politoys und Iso-Marlboro unterwegs waren. Nach einer Zusammenarbeit mit Walter Wolf bei Hesketh und einem weiteren Jahr bei March machte sich Williams erneut an die Produktion eigener, diesmal von Patrick Head designter Wagen. Den ersten Grand-Prix-Sieg feierte man 1979 in England, den ersten Weltmeister stellte Williams 1980 mit dem Australier Alan Jones. Die Siege bei der Konstrukteurswertung heimste Williams in diesem und im nächsten Jahr ein. 1982 gewann Keke Rosberg den zweiten Fahrertitel des Teams.

1986 hatte Williams einen schweren Autounfall, während sein Team mit Honda-Motoren die Konstrukteurswertung gewann. Die Fahrer Piquet und Mansell machten sich gegenseitig die Punkte streitig, sodass Alain Prost auf McLaren den Fahrertitel einstrich. 1987 wurden Piquet und Williams Weltmeister, bevor eine Durststrecke bis 1992 keine weiteren Erfolge zeitigte. Mit Renault-Motoren gewannen Williams und Mansell im selben Jahr beide Titel – ein Kunststück, dass man 1993 mit Alain Prost wiederholte. 1994 stieß Ayrton Senna zum Team, verlor aber bei einem Unfall in Imola sein Leben. Damon Hills Erfolge brachten Williams dennoch den Konstrukteurs-Cup. Hill wurde 1996 Weltmeister, sein Kollege Villeneuve wiederholte diesen Erfolg 1997, was Williams zwei weitere Siege in der Konstrukteurswertung brachte.

Die Zusammenarbeit mit BMW begann 1999 mit einem Sieg in Le Mans, 2000 stieg BMW mit Williams in die Formel 1 ein. Die beste Saison fuhr bislang Juan Pablo Montoya 2003; in der Zukunft gehört Williams-BMW zu den stärksten Herausforderern von Ferrari.

Oben: *Das BMW-Williams-Team von 2004. Von links nach rechts: Patrick Head (Technischer Direktor und späterer Leiter der technischen Entwicklung), Fahrer Juan Pablo Montoya, Testfahrer Marc Gené, BMW-Motorsport-Direktor Dr. Mario Theissen, Fahrer Ralf Schumacher und Teamchef Sir Frank Williams.*

Im Blick auf seine Straßenfahrzeuge darf BMW optimistisch in die Zukunft blicken, denn sowohl die Basisserien als auch einige modifizierte oder völlig neue Modelle kommen sehr gut an. Im Juli 2004 wurde die neue, gerade ein Jahr alte 6er-Reihe, die zunächst nur mit V8-Motoren erhältlich war, um einen Sechszylinder-Reihenmotor erweitert. BMW kombinierte dabei erstmals Magnesium und Aluminium im Motorenbau und schuf so den leichtesten Sechszylinder, den es jemals gegeben hatte. Das 3-Liter-Triebwerk mit Valvetronic-Technik leistet 258 PS bei 6600 1/min, also zwölf Prozent mehr als der ältere 3-Liter-Sechser. Der Motor verleiht dem BMW 630i bei ökonomischem Verbrauch eine spritzige Leistung. Neben dem Coupé ist nun auch ein 6er-Cabrio erhältlich, mit dem BMW erstmals seit Einstellung des 503-Sport-Cabriolets im Jahr 1959 zu den Luxus-Sportcabrios zurückkehrte.

Links: Wagen der Formel BMW werden von einem 140-PS-BMW-Motorradmotor angetrieben.

Formel BMW FB2

Rennsaison:	2004
Motor:	4-Zylinder (Reihe), 2 oben liegende Nockenwellen, 16 Ventile, Leichtmetall-Zylinderköpfe
Bohrung x Hub:	70,5 mm x 75 mm
Hubraum:	1171 ccm
Leistung:	140 PS (102 kW) bei 9250 1/min
Drehmoment:	118 Nm bei 6850 1/min
Gemisch-aufbereitung:	Bosch Motormanagement Motronic
Getriebe:	Sequenzielles 6-Gang-Getriebe, Hewland, Ein-scheibentrockenkupplung
Chassis:	Monocoque aus Carbon/Kevlar-Verbund mit Aluminium-Wabeneinsatz
Aufhängung:	Vorn: Doppelquerlenker; hinten: Doppelquerlenker
Bremsen:	Hydraulisch, Scheiben vorn und hinten
Fahrleistung:	max. 230 km/h; von 0 auf 100 km/h: ca. 5 Sekunden

Der neue M5 unterscheidet sich optisch sehr stark von der vorhergehenden Generation und wird auch von einem völlig anderen Motor angetrieben. Der Reihensechszylinder der ersten M5-Generation Mitte der 1980er-Jahre war 1998 von einem V8-Motor mit 32 Ventilen abgelöst worden. Dieser wurde nun durch einen 5-Liter-V10 ersetzt, dem ersten Motor dieser Art in einem BMW-Serienfahrzeug. Der V10 dreht auf bis 8250 1/min, liefert 507 PS und besitzt ein sequenziell-manuelles 7-Gang-Getriebe (SMG Drivelogic) mit einer Launch Control, die auf griffigem Untergrund eine bestmögliche Anfahrtsbeschleunigung garantiert. Der 1830 kg schwere neue M5 kommt in nur 4,7 Sekunden von 0 auf 100 km/h, dann in 15 Sekunden auf 200 km/h und hat genug Power, um 330 km/h zu erreichen – wie üblich ist der Motor aber elektronisch auf 250 km/h begrenzt.

Doch nicht nur die Leistung des neuesten M5 erregte Aufsehen, sondern auch sein Styling. Erneut fand die mehr an eine Designstudie als an ein herkömmliches Automobil erinnernde „flame surfacing“ von BMW Anwendung, hier jedoch in einer etwas überarbeiteten Version. Mit noch mehr Leistung und noch eleganterem Design trumpft allerdings der M6 auf, der auf dem Genfer Salon 2005 vorgestellt wurde.

Erweiterung der Reihe

Die 5er-Reihe wurde 2004 um den bisher neuesten Touring erweitert, der alle Vorteile der Limousine mit einem nochmals verbesserten praktischen Gepäckraum vereint. Dank einer elektrischen Heckklappenbetätigung (als Sonderausstattung) braucht man nur noch einen Knopf auf der Funkfernbedienung zu drücken, und schon öffnet sich die Klappe von selbst,

BMW 116i

Fertigung:	ab 2004
Motor:	4-Zylinder (Reihe), 2 oben liegende Nockenwellen, 16 Ventile, Leichtmetall-Zylinderköpfe
Bohrung x Hub:	84 mm x 72 mm
Hubraum:	1596 ccm
Leistung:	115 PS (85 kW) bei 6000 1/min
Drehmoment:	150 Nm bei 4300 1/min
Gemisch-aufbereitung:	Siemens Motor-Management
Getriebe:	5-Gang, manuell, Ein-scheibentrockenkupplung
Chassis:	Selbsttragende Ganzstahlkarosserie
Aufhängung:	Vorn: McPherson-Federbeine; hinten: Mehrlenkerachse und Schraubenfedern
Bremsen:	Hydraulisch, Scheiben vorn und hinten
Fahrleistung:	max. 200 km/h; von 0 auf 100 km/h: 10,8 Sekunden

während sich das Abdeckrollo automatisch zurückzieht. Wie beim Vorgänger kann die Heckscheibe separat aufgeklappt werden, um kleine Gegenstände einzuladen. Der Gepäckraum selbst ist größer als beim vorhergehenden Touring und wird, wenn man die als Sonderausstattung erhältlichen Räder mit Notlaufeigenschaften aufgezogen hat, durch den Wegfall des Reserverads noch geräumiger. Der Touring ist mit verschiedenen Sechs- bzw. V8-Zylinder-Benzinmotoren und zwei Sechszylinder-Dieselmotoren erhältlich.

Bei den Minis kamen der Mini Cooper S mit Kompressormotor und der Mini One D mit Dieselmotor dazu. Anfang 2004 erschienen die Cabrioversionen des Mini One und des Mini Cooper, beide mit Elektroverdeck und einer Heckklappe, die wie beim Original-Mini vor 45 Jahren von oben nach unten geöffnet wird. Trotz guter Verkaufszahlen hielt BMW jedoch den Super-Mini-Markt für ausbaufähig und kam mit einer neuen Baureihe kompakter Heckklappenfahrzeuge heraus, die unterhalb der 3er-Reihe angesiedelt sind.

Mit dem neuen 1er begab sich BMW auf den heiß umkämpften Markt der unteren Mittelklasse, wo man mit Modellen von Alfa Romeo, Audi, Ford, Opel/Vauxhall, Seat, Volkswagen und vielen anderen konkurrieren musste. All diese Automobile hatten die übliche Technik der Golf-Klasse mit Vorderradantrieb und quer eingebautem Motor. BMW bot jedoch etwas Anderes an. Die 1er-Reihe behielt den klassischen Frontmotor/Hinterradantrieb bei, was zwar etwas auf Kosten der Geräumigkeit ging, dafür aber eine bessere Traktion, ein besseres Fahrgefühl und ein sportlicheres Handling brachte als bei anderen Fahrzeugen dieser Klasse. BMW hatte Mitte der 1990er-Jahre zwar mit dem Frontantrieb experimentiert, doch das Engagement bei Rover ab 1994 machte eigene Fahrzeuge mit Frontantrieb überflüssig. Jetzt war Rover Vergangenheit, und BMW hatte beschlossen, sich auf seine traditionell hinterradgetriebenen Premium-Produkte zu konzentrieren.

Bereits das Einstiegsmodell der 1er-Reihe, der BMW 116i, ist mit einem 115-PS-1,6-Liter-Motor mit variabler Nockenwellensteuerung Doppel-Vanos ausgestattet. Käufer, die etwas mehr ausgeben wollen, können zwischen dem BMW 120i mit 150 PS und zwei Dieselmotoren mit Common-Rail-Technologie wählen. Es folgten und folgen weitere Motoren. Zudem werden aus der 1er-Reihe wohl Coupé-, Cabrio- und Limousinenmodelle mit Stufenheck hervorgehen, die dann als 2er-Reihe bezeichnet werden. Das Cabrio wurde bereits in Konzeptform als CS1 auf dem Genfer Salon von 2002 gezeigt.

Eine neue 3er-Generation E90 erschien Anfang März 2005. Ältere 3er-Reihen umfassten verschiedene Karosserieformen – ein zweitüriges Coupé, einen dreitürigen Compact, eine viertürige Limousine, einen fünftürigen Touring – aber der neue 3er ist voraussichtlich nur

Gegenüberliegende Seite, oben: *Mit der 1er-Reihe bediente BMW ein Marktsegment, das man lange Zeit nicht mehr besetzt hatte.*

Gegenüberliegende Seite, unten: *2004 wurde die 5er-Reihe um den BMW 5er Touring erweitert. Wie gewohnt, vereint das Fahrzeug Luxus, Fahrkultur und Leistung mit einem großen Platzangebot und Vielseitigkeit.*

Unten: *Der neueste M5 wird von einem 507-PS-V10-Motor angetrieben, der ihm sagenhafte Leistungen beschert.*

BMW M5

Fertigung:	Ab 2004
Motor:	V10, 2 oben liegende Nockenwellen pro Zylinderbank, 40 Ventile, Doppel-Vanos, variable Nockenwellenverstellung, Leichtmetall-Zylinderköpfe
Bohrung x Hub:	92 mm x 75,2 mm
Hubraum:	4999 ccm
Leistung:	507 PS (373 kW) bei 7750 1/min
Drehmoment:	520 Nm bei 6100 1/min
Gemisch-aufbereitung:	BMW-Motormanagement DME
Getriebe:	7-Gang, sequenziell, SMG Drivelogic
Chassis:	Selbsttragende Ganzstahlkarosserie
Aufhängung:	Vorn: MacPherson-Federbeine; hinten: Mehrlenker und Schraubenfedern
Bremsen:	Hydraulisch, Scheiben vorn und hinten; ABS
Fahrleistung:	250 km/h (abgeregelt); von 0 auf 100 km/h: 4,7 Sekunden

als viertürige Limousine oder fünftüriger Kombi erhältlich, da die sportlicheren zweitürigen Modelle als 4er erscheinen sollen. Und welche Zukunftspläne hat BMW nach 2005?

Ein paar Hinweise geben die Concept Cars, die in den vergangenen Jahren auf Automobilsalons zu sehen waren. Während manche bald erscheinende Serienmodelle ankündigten – zum Beispiel die Z07-Studie, die zum Z8 wurde, oder das X Coupé, das die Form des Z4 vorwegnahm, blieben andere nur vage Andeutungen von Ideen und Technologien, die erst irgendwann in der Zukunft Teil der immer größeren BMW-Produktpalette werden könnten.

Einige Studien schienen dazu geeignet, um damit in Marktsegmente vorzudringen, in denen BMW derzeit nicht präsent ist. Der Z9 GT von 1999 wies zum Beispiel darauf hin, dass BMW in nicht allzu ferner Zukunft ein modernes 8er-Coupé produzieren könnte, ein neues Flaggschiff, das Fahrkultur, Klasse und Geschwindigkeit mit der neuesten Hochtechnologie im Cockpit sowie mit maximaler Sicherheit vereint.

Ein Blick in die Zukunft

Andere Konzepte wie das X Coupé oder die xActivity Cars haben gezeigt, dass künftige BMW-Modelle die Grenzen zwischen den traditionellen Bereichen sprengen könnten: Das X Coupé war ein sportlicher Zweitürer auf Basis des X5-Allrad-Chassis, was ihm den Charakter eines Geländefahrzeugs verlieh, ohne auf den Fahrspaß eines Coupés zu verzichten. Im beinahe kompletten Gegenteil dazu war das xActivity Show Car eine Art leichtes „Rahmenstruktur-Cabrio", das aus der kombiähnlichen Karosserie eines 4x4 (des noch geheimen X3) abgeleitet ist. Von anderen Herstellern gibt es ebenfalls Concept Cars, die die Tugenden verschiedener Fahrzeugarten miteinander verbinden. So ist wahrscheinlich, dass uns die nächsten Jahre – nicht nur aus München – eine Menge weiterer höchst spannender Modellentwicklungen bringen werden.

Der einstmals kleine deutsche Automobilhersteller, der in den finanziell schwierigen Zeiten der 1920er-Jahre so hart ums Überleben kämpfen musste, ist immer mehr zu einem Global Player der Motorindustrie geworden. Der Streit um die „flame surfacing" wird vergessen sein, wenn BMW den Stil gefälliger macht und die Käufer sich an die Optik der neuen Formen gewöhnt haben. Zugleich werden neue BMW-Modelle immer auch einen Blick zurück auf ihre Vorfahren werfen. Nicht nur der berühmte Nierengrill wird die Identität der Marke weiter prägen, auch andere Merkmale wie den „Hofmeister-Knick" in der C-Säule nehmen die Münchener immer wieder auf, um ein typisches BMW-Design zu garantieren.

Inzwischen brilliert die Qualität der BMW-Technik, die auch in schwierigen Zeiten den guten Ruf der Firma sicherte, in allen Produkten und macht sie immer populärer. Diese technische Stärke beflügelt auch BMWs Leistungen im Motorsport und bringt Erfolge auf allen Ebenen: bei Tourenwagenrennen, in Le Mans und in der höchsten Klasse dieses Sports, in der Formel 1. BMW wird weiterhin erfolgreich sein – auf und abseits der Piste werden die Automobile mit dem weiß-blauen Logo gewiss noch viele Jahre zu den Siegern zählen.

Gegenüberliegende Seite, ganz links: *Das nicht sehr beliebte iDrive-System von BMW sollte das Armaturenbrett eines modernen Luxusfahrzeugs unkomplizierter gestalten.*

Gegenüberliegende Seite: *Die BMW Concept Cars weisen häufig auf künftige Modelle hin. Aus der Z07-Studie wurde der Z8 Roadster.*

Gegenüberliegende Seite, unten: *Verraten die Studien zum Z9 Coupé und Cabrio Pläne für ein GT-Modell am oberen Ende der Reihe? Die Zukunft wird es zeigen.*

Unten: *Der BMW H2R mit Wasserstoffantrieb stellte 2004 auf dem Miramas-Testgelände an einem Tag neun Weltrekorde auf. Mit einer adaptierten Version des 6-Liter-V12 aus dem 760i schaffte der H2R 300 km/h. Bei BMW arbeitet man bereits seit 1978 an solchen Entwicklungen, und ein Serienfahrzeug mit Wasserstoffantrieb wird nicht mehr lange auf sich warten lassen.*

Register

Kursive Seitenzahlen beziehen sich auf Abbildungen.